August Baumeister

dem hochverdienten Schulmann

dem Begründer des deutschen höheren Schulwesens in den Reichslanden

in Dankbarkeit und Verehrung

gewidmet.

Sammlung Göschen

Analytische
Geometrie der Ebene

von

Max Simon
Strassburg i. E.

Mit 57 Abbildungen

Zweite, verbesserte Auflage

Leipzig
G. J. Göschen'sche Verlagshandlung
1900

Inhaltsverzeichnis.

V. Abschnitt.

VI. Abschnitt.

VII. Abschnitt.

VIII. Abschnitt.

IX. Abschnitt.

X. Abschnitt.

XI. Abschnitt.

XII. Abschnitt.

XIII. Abschnitt.

XIV. Abschnitt.

Druck von Carl Rembold & Co., G. m. b. H., Heilbronn.

I. Abschnitt.

Koordinaten und Punkt.

§ 1. Definition von Koordinaten; Parallelkoordinaten.

Unter den Koordinaten eines Punktes versteht man den Rechnungsregeln unterworfene Grössen (Zahlen), welche durch die Lage des Punktes (eindeutig) bestimmt sind, und durch deren Werte umgekehrt die Lage eines Punktes (eindeutig) bestimmt werden kann.

Entsprechend ist die Erklärung von Koordinaten einer Linie, Fläche etc. Wir beschränken uns zunächst auf Punkte, und zwar auf Punkte einer Geraden X.

Man wähle auf der Geraden einen festen Punkt O (vom lat. Origo) als den Nullpunkt oder Anfangspunkt oder Ursprung und eine feste Masseinheit, z. B. $^1/_2$ cm, dann bestimmt jeder Punkt P auf der Geraden durch seine Lage eine Zahl, die Masszahl von OP, z. B. (Fig. 1) die Zahl 3.

Damit umgekehrt eine Zahl, z. B. 3, Einen Punkt auf X bestimme, müssen die beiden entgegengesetzten Richtungen, die von O auf X ausstrahlen, unterschieden werden als positiv und negativ (Zeichen + und —, wobei meist der rechte Zweig als positiver gewählt wird) und gefordert werden, dass die Zahl, z. B. 3, mit einem der beiden Vorzeichen versehen werde; alsdann bestimmt die Zahl +3 den Punkt P, die Zahl −3 den Punkt P' (Fig. 1) [das +Zeichen wird meist weggelassen, das —Zeichen neuerdings durch einen Strich ersetzt, also 3 und 3']. Diese mit dem Vorzeichen bezw. Strich versehene Zahl heisst die Abscisse des

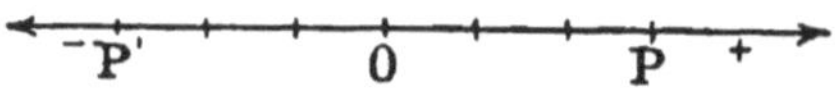

Fig. 1.

durch sie bestimmten Punktes, sie wird meist mit x bezeichnet, die Gerade selbst heisst die Abscissen-Axe, auch kurz X-Axe. Man sagt, Punkt P der Fig. 1 hat die Abscisse $x=3$, sein x ist 3; oder er wird bestimmt durch die Gleichung $x-3=0$, er ist äquivalent dieser Gleichung; Zeichen $\{$, also $P\{x-3=0$, oder kürzer $P\{3$, während z. B. $P'\{3'$ bezw. $P'\{x-3'=0$ ist. Ist $P\{a$ und $Q\{b$, so ist ihre Mitte $M\{\frac{1}{2}(a+b)$.

Um die Punkte der Ebene zu bestimmen, geht man von zwei sich schneidenden Geraden als Axen aus, wählt ihren Schnittpunkt O zum Nullpunkt, und bestimmt auf jeder Axe die Punkte auf die eben angegebene Weise, bei gemeinsamer Längeneinheit. Zum Unterschied bezeichnet man die Abscissen auf der zweiten Axe mit dem allgemeinen Buchstaben y, nennt sie Ordinaten (oder Applicaten), und unterscheidet die zweite Achse selbst als Ordinaten- oder Y-Axe von der ersten der Abscissen oder X-Axe.

Nach dem Parallelenaxiom bestimmt dann jede Abscisse die Parallele zur Ordinatenaxe, welche man durch den zu ihr gehörigen Punkt (auf der Abscissenaxe) ziehen kann, und jede Ordinate die Parallele zur

Abscissenaxe durch ihren Punkt. Durch Abscisse und Ordinate sind dann beide Parallelen bestimmt und damit zugleich die Lage ihres Schnittpunktes (Fig. 2). Da umgekehrt jeder Punkt P der Ebene durch seine Lage Abscisse und Ordinate bestimmt, so sind Abscisse und Ordinate Koordinaten des Punktes P im Sinne der Definition.

Weil Parallelen zwischen Parallelen gleich sind, können Abscisse und Ordinate des Punktes P auch auf den Parallelen zu den Axen durch P gemessen werden, und diese Strecken nennt man oft gleichfalls Abscisse und Ordinate des Punktes P, ganz besonders häufig ist die Bezeichnung „Ordinate" für die Parallele zur Y-Axe vom P bis an die X-Axe.

Ist, wie in der Fig. 2, die Abscisse des Punktes P gleich 3 und die Ordinate gleich 5, so schreibt man $P\{(3, 5)$, gelesen: P ist äquivalent $x=3$, $y=5$; oder schreibt $P=(3, 5)$, sagt P ist der Punkt 3, 5. Stets bezieht sich die zuerst genannte Zahl auf die Abscisse, die zuzweit genannte Zahl auf die Ordinate. Wenn es sich um bestimmte aber beliebige Werte der Koordinaten handelt, sagt man oft ganz kurz: Punkt xy oder noch kürzer Punkt x. Die Punkte P_1 und P_3, $\{(3, 5)$ und $(3', 5')$ sind entgegengesetzte, ebenso $P_2\{(3'\ 5)$ und $P_4\{(3, 5')$. — Der Anfangspunkt O hat die Koordinaten 0,0, daher heisst er Nullpunkt des Systems, das die Axen bestimmen. Der Winkel zwischen den positiven Zweigen (Hälften) der Axen heisst Koordinatenwinkel, und zwar denkt man ihn dadurch erzeugt, dass sich der positive Zweig der als erste bezeichneten Axe um O entgegengesetzt dem Sinne des Uhrzeigers dreht, bis er mit dem positiven Zweig der zweiten Axe zusammenfällt; diese Art der Drehung (entgegengesetzt dem Sinne des Uhrzeigers) heisst positive. Der Koordinatenwinkel wird mit w bezeichnet; ist w ungleich (Zeichen der Ungleich-

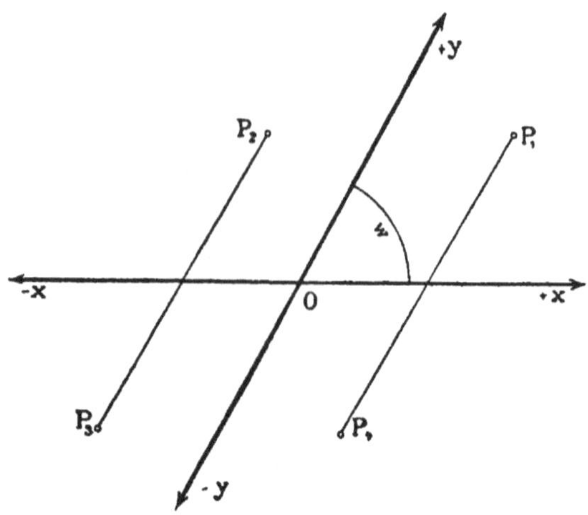

Fig. 2.

heit: $\neq$) 90°, so heisst das System ein schiefes, ist $w = 90°$, so heisst es rechtwinklig oder orthogonal. Man beschränkt w auf spitze oder rechte Winkel, d. h. 90° nimmt man als Maximum für w.

Meist zeichnet man die erste Axe horizontal, und setzt als positiven Zweig $+X$ den von O nach rechts gehenden fest. Der positive Zweig $+Y$ wird meist nach oben gerichtet, links vom Strahl $+X$. Ist das System rechtwinklig und X horizontal, so ist Y vertikal. Diese Festsetzung ist aber keineswegs bindend, an und für sich ist das Axensystem betreffs seiner Lage in der Ebene keiner Beschränkung unterworfen.

Die Axen teilen die Ebene in 4 Teile, bei rechtwinkligem System sind die Teile gleich, also Quadranten, der Teil zwischen +X und +Y ist No. I, zwischen +Y und —X ist II, zwischen —X und —Y liegt III, zwischen —Y und +X: IV. Für alle Punkte in I sind x und y grösser als 0 (Zeichen für grösser >, für kleiner <), für alle in II ist $x < o$, $y > o$; in III ist $x < o$; $y < o$; in IV ist $x > o$, $y < o$. Nach dem sogenannten Drobisch'schen Prinzip der Umkehrbarkeit eindeutiger Zuordnungen (das aber schon früher von Möbius aufgestellt ist) sind diese Sätze umkehrbar.

Die hier zur Ortsbestimmung verwandten Koordinaten heissen Parallelkoordinaten, auch nach Descartes (Cartesius), der 1637 in „La géometrie" das erste Werk über analytische Geometrie veröffentlichte, Cartesianisch. Uebrigens kannten schon die Hellenen die Methoden der analytischen Geometrie und Fermat hat unabhängig von Descartes und mit weit grösserer Klarheit sich ihrer bedient.

§ 2. **Polarkoordinaten.**

Durch einen Punkt O, den Nullpunkt oder Pol (griechisch, so viel wie Drehpunkt), zieht man einen Strahl OA (Fig. 3), die Polaraxe (auch Axe schlechtweg); dann bestimmt irgend ein Punkt P durch seine Lage die Länge von OP und den Winkel AOP zwischen der Axe OA und OP. Dieser Winkel wird als durch Drehung im positiven Sinne (cf. § 1), durch positive Drehung, erzeugt betrachtet, und dieser Sinn wird, wenn nichts besonderes festgesetzt ist, stets vorausgesetzt, so dass z. B. AOP und POA zusammen 4 Rechte sind. Lässt man, wie meistens, zu, dass der sich drehende Strahl die Ebene beliebig oft bedeckt, so ist Winkel AOP durch die Lage von P nur bis auf beliebige Vielfache von 4 Rechten bestimmt. Der Strahl OP heisst Leitstrahl oder radius vector, auch bloss radius oder bloss vector des Punktes P, und ebenso

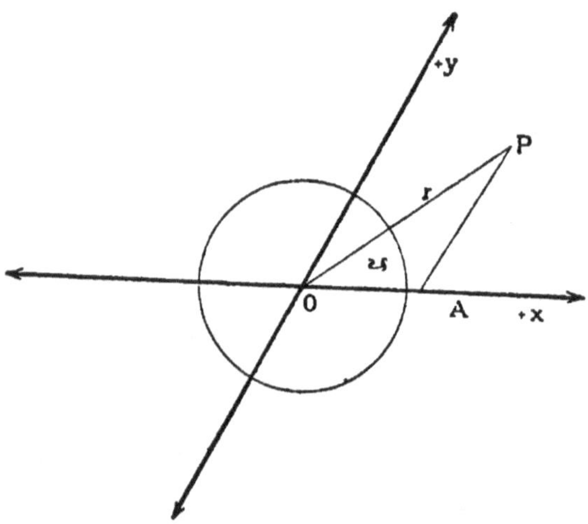

Fig. 3.

wird die absolute Länge von OP genannt und meist mit r bezeichnet. Der Winkel AOP wird nicht in Grad-, sondern in Bogenmass gemessen.

[Erklärung von Bogenmass: Da der Winkel sich zur Ebene verhält, wie jeder Bogen zwischen seinen Schenkeln, dessen Centrum im Scheitel liegt (Centriwinkel), zum Vollkreis, so hat man die Proportion $\frac{\varphi}{360} = \frac{1}{2r\pi}$, wo φ die Zahl der Grade des Winkels, l den Bogen, r den Radius, π die Ludolph'sche Zahl bedeuten: also $l/r = \varphi\pi/180$. l/r wird als arcus φ (abgekürzt arc φ) bezeichnet und giebt das Bogenmass des Winkels. Man geht also vom Gradmass zum Bogenmass (besser absoluten Mass) des Winkels über, wenn man die Gradzahl mit $\pi/180$ multipliziert, umgekehrt vom absoluten zum Gradmass, indem man mit $\frac{180}{\pi}$ multipliziert. Dabei ist für jede Minute $^1/_{60}{}^0$, für jede Sekunde $\frac{1}{60 \cdot 60^0}$ zu setzen, so dass also ein Winkel von $20^0\,11'$ und $3''$ die Gradzahl $\varphi = 20 + \frac{11}{60} + \frac{3}{60 \cdot 60}$ hat, dem rechten Winkel entspricht im Bogenmass $\frac{\pi}{2}$, dem flachen Winkel π. —]

Der in Bogenmass gemessene Winkel AOP wird meist mit ϑ bezeichnet und heisst Phase, Amplitude oder Richtungsbogen des Punktes P. Die letztgenannte Bezeichnung rührt davon her, dass, wenn man in der Proportion $\frac{l}{r} = \frac{\varphi\pi}{180}$ für r die Längeneinheit wählt (in der Fig. 2 der Centimeter), arc φ die Masszahl des zum Centriwinkel von φ^0 gehörigen Bogens im Kreise mit dem Radius 1 ist, und daher mit diesem Bogen identifiziert wird.

Hier ist sofort klar, dass, wie der Punkt r und ϑ — letzteres abgesehen von Vielfachen von 2π — bestimmt, so umgekehrt r und ϑ den Punkt bestimmen, sie sind daher nach Definition in § 1 Koordinaten und heissen: Polarkoordinaten.

Da Koordinaten und Punkt sich gegenseitig bestimmen, so müssen die Parallel- und Polar-Koordinaten desselben Punktes sich gegenseitig bestimmen. Bei gemeinsamem O und wenn $+X$ zugleich die Polaraxe, ist:

$$1)\quad x = \frac{r \sin(w - \varphi)}{\sin w}\,;\; y = \frac{r \sin\varphi}{\sin w}\ \text{(Sinussatz)}$$

und umgekehrt:

$$r = +\sqrt{x^2 + y^2 + 2xy\cos w},\quad \cot\varphi = \frac{x}{y \sin w} + \cot w$$

mit der näheren Bestimmung, dass $\sin\vartheta$ das Zeichen von y hat, so dass, wenn $y > 0$ für ϑ (abgesehen von Vielfachen von 2π) nur der Bogen $< \pi$, und wenn $y < o$ für ϑ nur der Bogen $> \pi$ genommen werden darf. Diese Festsetzung deckt sich mit der, dass ϑ der Winkel sein soll, der entsteht, wenn man OA im entgegengesetzten Sinne des Uhrzeigers sich so lange drehen lässt, bis es mit OP zusammenfällt.

Ist $w = 90^0$, so ist:

$$1^a)\quad x = r\cos\vartheta,\ y = r\sin\varphi,\ r = +\sqrt{x^2 + y^2},\ \operatorname{tg}\varphi = y/x.$$

§ 3. Punkte.

Gegeben ein Parallelkoordinatensystem, Axenwinkel w (Fig. 4). Sei A ein Punkt mit den Koordinaten x_1 und y_1, oder kurz sei A der Punkt (x_1, y_1), indem man eine symbolische Gleichung ansetzt: Punkt A $\{(x_1, y_1)$, gelesen A äquivalent (x_1, y_1), was nichts anderes heissen soll, als dass der Punkt A und die Werte $x_1\, y_1$ der Koordinaten sich gegenseitig bestimmen. Sei B $\{(x_2, y_2)$ ein zweiter Punkt, dann ist sofort der Abstand d der Punkte A und B, die Streckenlänge AB, gegeben, sowie der Winkel α, um welchen man den durch A zu $+X$ gezogenen Parallelstrahl (positiv) drehen muss, damit er in die Lage AB komme. Es ist dann

$$2)\ d^2=(x_2-x_1)^2+(y_2-y_1)^2+2;x_2-x_1)(y_2-y_1)\cos w)$$

$$\frac{\sin\alpha}{\sin(w-\alpha)}=\frac{y_2-y_1}{x_2-x_1}.\ \text{Ist } w=90^0, \text{ so ist:}$$

$$2^a)\ d^2=(x_2-x_1)^2+(y_2-y_1)^2;\ \operatorname{tg}\alpha=\frac{y_2-y_1}{x_2-x_1}.$$

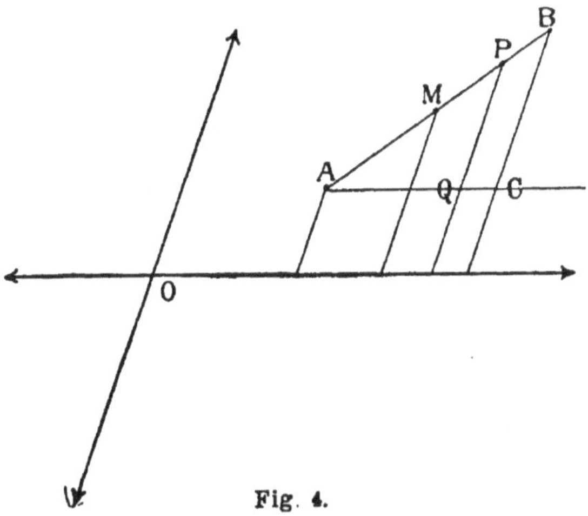

Fig. 4.

Für den Inhalt J des Dreiecks OAB ergiebt sich $2^b)\ J=\pm{}^1/_2\sin w\,(x_1y_2-x_2y_1)$, denn zieht man die Hilfslinie OM (Fig. 5), so ist $2\triangle$ AMB = Parallelogramm AMBF; $2\triangle$ OMB = Parallelogramm MBGH; $2\triangle$ OMA = Parallelogramm KMAL, mithin 2J = OGFL — OHMK; $2J=x_1y_2\sin w-x_2y_1\sin w$.

Sei $M\{(\xi/\eta)$ die Mitte von AB, dann ist nach dem Satz von der Mittellinie im Paralleltrapez:

$$3)\ \xi=\frac{1}{2}(x_1+x_2);\quad \eta=\frac{1}{2}(y_1+y_2).$$

Die Gleichung 3 gilt, wie alle bisherigen, allgemein, d. h. welche Werte auch x und y haben, bezw. in welchen Teilen der Ebene die Punkte A und B liegen mögen. — Ist $\xi = 0$, so liegt M auf der Y-Axe; ist $\eta = 0$, so liegt M auf der X-Axe, sind ξ und η beide 0, so fällt M auf 0. Sei z. B. ABCD ein Parallelogramm, die Aufeinanderfolge so, dass man beim

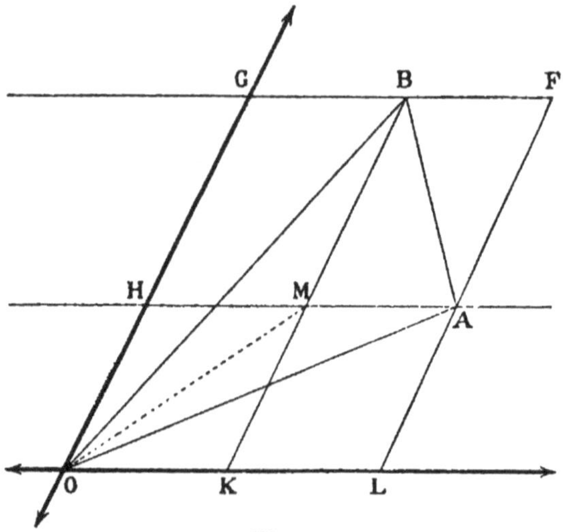

Fig 5.

Umgang von A nach B, B nach C etc. stets das Feld der Figur zur Linken hat. Wählt man die Axen so, dass +X parallel AB und +Y parallel AD, und seien die Koordinaten der Ecken x_1 y_1 etc., so ist die Mitte M von AC $\left\{\left(\frac{1}{2}(x_1+x_3) \,\middle|\, \frac{1}{2}(y_1+y_3)\right)\right.$ und die Mitte N von BD ist $\left\{\left(\frac{1}{2}(x_2+x_4) \,\middle|\, \frac{1}{2}(y_2+y_4)\right)\right.$. Es ist aber $x_1 = x_4$; $x_3 = x_2$; $y_1 = y_2$; $y_3 = y_4$, somit $M \equiv N$

($\equiv$ Zeichen für: identisch), d. h. die Diagonalen des Parallelogramms halbieren sich gegenseitig.

Ist P (Fig. 4) irgend ein Punkt auf AB zwischen A und B, und teilt P die Strecke AB im Verhältnis

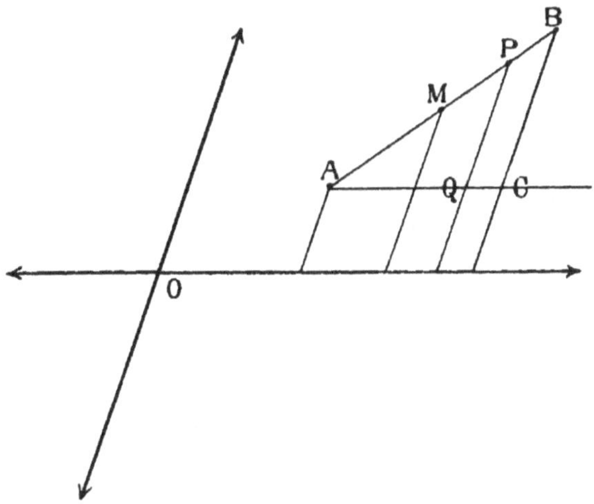

Fig. 4.

$\lambda :: 1$, d. h. so dass $AP : BP = \lambda$, so ergeben die Sätze vom Trapez, bezw. ergiebt die Aehnlichkeit der Dreiecke APQ und ABC, seine Koordinaten

$$3^a)\quad \xi = \frac{x_1 + \lambda x_2}{1+\lambda};\ \eta = \frac{y_1 + \lambda y_2}{1+\lambda}.$$

Sei z. B. ABC ein Dreieck. Die Mitten A_1; B_1; C_1; der Seiten BC, CA, AB sind dann resp.

$$\frac{x_b + x_c}{2}; \ldots\ldots$$

Die Punkte, welche AA_1; BB_1; CC_1 von den Ecken aus im Verhältnis 2 : 1 teilen, seien S_1; S_2; S_3, dann ist:

$$S_1\left\{\left(\frac{x_a + x_b + x_c}{3};\ \frac{y_a + y_b + y_c}{3}\right)\right\}S_2\left\{S_3,\right.$$

also $S_1 \equiv S_2 \equiv S_3$, d. h. die 3 Mittellinien des Dreiecks schneiden sich in einem Punkte und im Verhältnis 2:1.

Teilt $Q\{(\xi^1 | \eta^1)$ die Strecke AB ausserhalb im Verhältnis μ, d. h. so, dass absolut genommen $AQ : BQ = \mu : 1$ ist, so ergiebt sich

$$3^b)\quad \xi = \frac{x_1 - \mu x_2}{1 - \mu}; \quad \eta = \frac{y_1 - \mu y_2}{1 - \mu}.$$

Ist $\mu = \lambda$, so bilden die Punkte ABPQ ein **harmonisches Punktsystem**, geschrieben [AB, PQ], A und B bilden das eine Paar, P und Q das andere Paar konjugierter Punkte. Eliminiert man λ zwischen den Gleichungen für ξ und ξ bezw. für η und η, so erhält man

$$4)\quad (x_1 + x_2)(\xi + \xi) = 2(x_1 x_2 + \xi \xi)$$
$$(y_1 + y_2)(\eta + \eta) = 2(y_1 y_2 + \eta \eta).$$

Weiss man, dass ABPQ auf derselben Geraden liegen, so ist jede der beiden Relationen 4) die nötige und hinreichende Bedingung dafür, dass die 4 Punkte ein harmonisches System bilden, d. h. dass P die Strecke AB innerhalb im selben Verhältnis teilt wie Q ausserhalb. Man sagt auch A und B sind durch P und Q **harmonisch getrennt** und beweist mittelst der einfachsten Sätze aus der Lehre von den Proportionen, dass dann auch P und Q durch A und B harmonisch getrennt sind. —

Die Strecken AP und BP sind entgegengesetzt gerichtet, AQ und BQ dagegen gleichgerichtet; um diesen Unterschied zu kennzeichnen, wollen wir sagen, P teile die Strecke AB im Verhältnis $-\lambda : 1$, d. h. wir wollen als Teilungsverhältnis auch **negative** (gestrichene) Zahlen zulassen, und wissen, dass diese nur Punkten innerhalb AB zukommen, alsdann ist $P\left\{\left(\frac{x_1 - \lambda x_2}{1-\lambda} \middle| \frac{y_1 - \lambda y_2}{1-\lambda}\right)\right.$, d. h. die Formel 3^a oder 3^b gilt allgemein für jeden Wert des λ (oder μ), und es entspricht nicht nur jedem Punkt auf AB ein bestimmter Wert des λ, sondern auch umgekehrt, jedem Wert des λ ein bestimmter Punkt auf AB. Eliminiert man also μ in 3^b), so erhält man

$$5)\quad \frac{\eta - y_1}{\xi - x_1} = \frac{y_2 - y_1}{x_2 - x_1}$$

als nötige und hinreichende Bedingung dafür, dass P in die Gerade AB fällt, und man sieht, dass die die Lage von B beschränkende Bedingung: auf der Geraden AB zu liegen, sich umsetzt in die Gleichung 5 zwischen den Koordinaten ξ und η von P, welche ebenfalls die freie Veränderlichkeit einschränkt, da nach Wahl z. B. von ξ durch 5) der Wert der Koordinate η bestimmt ist. Man sieht leicht ein, dass 5) nichts anders aussagt, als die charakteristische Eigenschaft der Geraden in allen ihren Teilen gleiche Richtung zu haben.

§ 4. Definition der Kurvengleichung und der Koordinaten- oder Analytischen-Geometrie.

Kurve bedeutet eigentlich: krumme Linie, im Gegensatz zur Geraden, aber man braucht es gleichbedeutend mit Linie, indem man die Gerade als Grenzfall der krummen Linien, als Linie mit der Krümmung 0 ansieht. Die Kurven, welche die Geometrie betrachtet, sind fast ausschliesslich sogenannte geometrische Orte, d. h. Inbegriffe (Komplexe, Gesamtheiten, Mannigfaltigkeiten) aller Punkte, denen eine bestimmte Eigenschaft zukommt (proprietas specifica nach Fermat). Z. B. ist die Mittelsenkrechte (oder Symmetrieaxe) der Ort der Punkte, welche von 2 gegebenen Punkten gleichen Abstand haben, der Kreis der Ort der Punkte, welche vom Centrum den Abstand des Radius haben. Diese spezifische Eigenschaft kann auch durch die Mechanik gegeben werden, z. B. der Inbegriff aller Lagen (Orte) des Schwerpunktes eines Geschosses oder die Bahn eines Punktes eines rollenden Rades, die Kraftlinien eines magnetischen Feldes etc. Die bestimmende Eigenschaft erzeugt die Kurve [wieder] und giebt damit die Koordinaten ihrer Punkte, sie beschränkt, heisst dies, die Veränderlichkeit eines Punktes, der an und für sich in der ganzen Ebene liegen kann, auf die bestimmte Kurve, und damit die Veränderlichkeit der Koordinaten auf die jener Punkte. Eine solche Beschränkung äussert sich aber (man vergleiche die Gleichung 5 am Schluss des vorigen Paragraphen) in Form einer Gleichung zwischen den Koordinaten, wie $f(x, y) = 0$; $\varphi(r, \vartheta) = 0$, welcher die Koordinaten aller Punkte der Kurve genügen. Die Zeichen f, φ und ähnliche, z. B. F, ψ etc. heissen Funktions- oder Abhängigkeitszeichen, sie sagen uns, dass zwischen x und y, bezw. r und ϑ eine Gleichung besteht, welche diese Grössen gegenseitig bindet, d. h. die Aenderung der einen an die der anderen bindet.

Wegen der Aequivalenz zwischen einem Punkt und seinen Koordinaten liegen umgekehrt die Punkte, deren Koordinaten dieser Gleichung genügen, wieder auf der Kurve. Die bestimmende Eigenschaft der Kurve und damit diese selbst lässt sich also in eine Gleichung zwischen den Koordinaten umsetzen, und umgekehrt diese Gleichung wieder in jene Kurve, in derselben Weise wie wir ein Tonstück in Noten und die Noten wieder in das Tonstück umsetzen. Das Wesen der analytischen Geometrie (oder Koordinatengeometrie) besteht also darin: Die Gesetzmässigkeit geometrischer Gebilde in Gleichungen zwischen den Koordinaten umzusetzen, mit diesen nach den Regeln der Algebra zu rechnen und die gefundenen Resultate geometrisch zu deuten.

Wie also der Punkt äquivalent gesetzt wird einem Wertsystem x, y seiner Koordinaten, so wird die Kurve äquivalent gesetzt einer Gleichung $f(x, y) = 0$ zwischen den Koordinaten, wobei allerdings noch hervorzuheben ist, dass wir Gleichungen von der Form $f(x, y) = 0$ und $cf(x, y) = 0$, wo c eine von 0 verschiedene festgegebene Zahl ist, als identisch ansehen, weil sie durch dieselben Wertsysteme von x und y erfüllt werden.

II. Abschnitt.

Die gerade Linie.

§ 5. Die Gerade sei bestimmt

a) durch 2 Punkte,

b) durch 1 Punkt und die Richtung.

In § 3 ergab sich die Gleichung der Geraden, welche durch 2 gegebene Punkte A $\{(x_1 | y_1)$ und B $\{(x_2 | y_2)$ geht. Insofern der Punkt P jeder beliebige

Punkt der Geraden sein kann, nennt man ihn beweglichen oder **laufenden** Punkt, und bezeichnet ihn (genauer seine Koordinaten) mit $x|y$. Dann ist

$$5)\quad \frac{y-y_1}{x-x_1}=\frac{y_2-y_1}{x_2-x_1}\left[\text{oder auch } \frac{y-y_2}{x-x_2}=\frac{y_1-y_2}{x_1-x_2}\right].$$

Die Gleichung 5 lässt sich umformen: man schafft die Nenner weg, streicht auf beiden Seiten $x_1 y_1$ und reduziert auf 0; das giebt

$$5^a)\quad (x_1 y_2 - x_2 y_1) + (x_2 y - x y_2) + (x y_1 - x_1 y) = 0$$

abgekürzt $D=0$. Die Bedeutung dieser Form tritt hervor, wenn man die Gleichung mit $\frac{1}{2}\sin w$ multipliziert (w bezeichnet den Koordinatenwinkel). Man sieht dann, dass nach 2ᵇ) $\frac{1}{2}\sin w\,(x_1 y_2 - x_2 y_1)$ der Inhalt des Dreiecks OAB ist und $\frac{1}{2} D \sin w$ nichts anderes als der Inhalt des Dreiecks ABP. Die Gleichung 5^a (äquivalent mit 5) sagt also aus, dass wenn P auf der Geraden AB liegt, der Inhalt des Dreiecks ABP verschwindet, ist also wieder die Uebersetzung einer charakteristischen Eigenschaft der Geraden in die Sprache der Algebra. Umgekehrt ist ebenso klar, dass, wenn Dreieck APB keinen Flächeninhalt hat, der Punkt P in der Geraden AB liegt.

Ist $A\{(a|o)$ und $B\{(o|b)$, d. h. liegt A in der x-Axe und B in der y-Axe, so geht 5) nach leichter Umformung über in

$$6)\quad \frac{x}{a}+\frac{y}{b}=1;$$

das ist die sogen. Axengleichung der Geraden, oder auch Axenform (der Gleichung) der Geraden; schafft man die Nenner fort, so erhält man $xb + ya = ab$, und daraus (nach Multiplikation mit $\sin w$) den bekannten Satz von der Gleichheit der Ergänzungsparallelogramme; und umgekehrt ist 6) die Uebersetzung dieses Satzes in die Koordinaten-Sprache.

In § 3 ergab sich allgemein $\frac{y_2 - y_1}{x_2 - x_1} = \frac{\sin\alpha}{\sin(w-\alpha)}$ und für ein rechtwinkliges System war dies $\operatorname{tg}\alpha$. Der Quotient $\frac{\sin\alpha}{\sin(w-\alpha)}$ bezw. $\operatorname{tg}\alpha$ heisst der Richtungsfaktor der Geraden und werde mit τ bezeichnet. Eine Vertauschung von $(x_1 | y_1)$ mit $(x_2 | y_2)$ bewirkt nur eine Veränderung von α um 2 Rechte, ändert also den Wert von τ nicht, so wenig wie die Vertauschung von $x_2 | y_2$ mit $x_1 | y_1$. Durch Einführung von τ geht die Gleichung der Geraden über in

$$7)\quad y - y_1 = \tau(x - x_1).$$

Die Gleichung $\operatorname{tg}\alpha = \frac{\tau\sin w}{1+\tau\cos w}$ bestimmt dann die beiden um 2 R. verschiedenen Winkel, welche die von $(x_1 | y_1)$ ausgehenden Strahlen der Geraden 7) mit $+X$ bilden.

Der Parallelismus zweier Geraden ist äquivalent der Gleichheit ihrer Richtungsfaktoren.

Ist $(x_1 | y_1) \equiv (0 | b)$, so erhält man aus 7

$$7^a)\quad y - \tau x - b = 0.$$

Die linke Seite dieser Gleichung 7^a bezeichnet man als Form L der Geraden, indem man $y - \tau x - b \equiv L$ setzt. Für die Punkte der Geraden nimmt die Form den Spezialwert 0 an, während für jeden Punkt P $\{x_p | y_p)$, der nicht auf der Geraden liegt, der „ortsfremd" ist, die Form $L_p = y_p - \tau x_p - b$ von Null verschieden ist.

Die beiden Gleichungen 6 und 7ª sind dadurch ausgezeichnet, dass sie die Gerade nur durch 2 Konstanten, d. i. fest gegebene Zahlen bestimmen. Durch alle Werte von a und b, ausgenommen 0, bezw. von τ und b, ausgenommen $\pm\infty$, ist eine und nur eine Gerade bestimmt; umgekehrt bestimmt jede Gerade, die nicht durch den Nullpunkt geht, ein Wertsystem von a und b, und jede Gerade mit Ausnahme der Y-Axe und ihrer Parallelen ein Wertsystem von τ und b. Mit der angegebenen Einschränkung sind also a und b, bezw. τ und b Koordinaten der geraden Linie im Sinne der Definition, es sind Linienkoordinaten.

Die sämtlichen Gleichungen, welche für eine Gerade aufgestellt sind, stimmen darin überein, dass sie in x und y vom ersten Grade sind. Umgekehrt ist jede Gleichung vom ersten Grade in x und y: $\alpha x + \beta y - \gamma = 0$ (abgekürzt: $U = 0$) die Gleichung einer Geraden. Denn wenn $\gamma \gtrless 0$, so kann man U durch γ dividieren und erhält, wenn man $\frac{\gamma}{\alpha} = a$ und $\frac{\gamma}{\beta} = b$ setzt:

$$A = \frac{x}{a} + \frac{y}{b} - 1 = 0,$$

d. h. die Gleichung der Geraden, die durch die Punkte $(a | o)$ und $(o | b)$ geht. Dividiert man U durch β, und setzt man $\alpha / \beta = -\tau$, so erhält man $L = y - \tau x - b = 0$, d. h. die Gleichung der Geraden, welche durch den

Punkt $(o|b)$ geht und den Richtungsfaktor τ hat. Diese Gleichung giebt für $y=0$, $x=-\frac{b}{\tau}=a$, woraus die Identität der Geraden $A=0$ und $L=0$ hervorgeht.

Ist in U die Grösse $\gamma=0$, so wird durch β dividiert; ist β auch gleich 0, so hat man $x=0$ und dies ist die Gleichung der Y-Axe, wie $y=0$ die Gleichung der X-Axe ist.

Da also jede Gleichung ersten Grades eine gerade Linie darstellt, so ist es gerechtfertigt, die Gleichungen ersten Grades lineare zu nennen, da linea ursprünglich nur die Gerade bedeutet. So stellt z. B. die Gleichung $2x-3y-1=0$ die Gerade dar, welche die Strecke $\frac{1}{2}$ von $+X$ und die Strecke $\frac{1}{3}$ von $-Y$ abschneidet; der Richtungsfaktor τ ist $\frac{2}{3}$, wird w als 60^0 angenommen, so ist $\alpha=23^0 24' 47''$.

Die Gleichung $10x+4y-6=0$, identisch mit $5x+2y-3=0$, stellt die Gerade dar, welche die Strecke 0,6 von $+X$ und die Strecke 1,5 von $+Y$ abschneidet, der Richtungsfaktor τ ist $-2{,}5$ d. h. für $w=30^0$ ist $\alpha=47^0 0' 51''$.

Ist $\tau=1$, so ist $\sin\alpha=\sin(w-\alpha)$, also da w nicht gleich 2 Rechten sein kann, $\alpha=w/2$ bezw. $w/2+180$. Die Gerade $y-x=0$ halbiert also den Koordinatenwinkel und seinen Scheitelwinkel.

Ist $\tau=-1$, so ist $\sin\alpha=-\sin(w-\alpha)$, also $\alpha=w/2+90$ bezw. $w/2+270$. Die Gerade $y+x=0$ halbiert also den Nebenwinkel von w.

Die Gleichungen $y-x-b=0$ und $y+x-b'=0$ stellen stets zwei Gerade dar, welche den Winkelhalbierenden des Axenkreuzes parallel sind, also aufeinander senkrecht stehen. Ist $w = 90$, so teilen die beiden Scharen von Geraden, welche man erhält, wenn man b und b′ alle möglichen ganzzahligen Werte giebt, die Ebene in kongruente Quadrate mit der Diagonale 1.

§ 6. Kombination zweier Geraden.

Die Koordinaten des Schnittpunktes zweier Geraden $U_1 = 0$ und $U_2 = 0$ sind durch die Forderung, beiden linearen Gleichungen zu genügen, eindeutig bestimmt. Seien z. B. $L_1 = y - \tau_1 x - b_1 = 0$ und $L_2 = y - \tau_2 x - b_2 = 0$ gegeben, so werden die Koordinaten des Schnittpunktes $S\{(x_s | y_s)$ bestimmt durch die beiden Gleichungen

$$y_s - \tau_1 x_s - b_1 = 0$$
$$y_s - \tau_2 x_s - b_2 = 0.$$

Es ergiebt sich:

$$x_s = \frac{b_1 - b_2}{\tau_2 - \tau_1} \text{ und } y_s = \frac{b_1 \tau_2 - b_2 \tau_1}{\tau_2 - \tau_1}.$$

S ist also völlig bestimmt, ausser für $\tau_2 = \tau_1$. In diesem Falle werden x_s und y_s beide unendlich, der Punkt S existiert im Endlichen nicht, man sagt seit Desargues 1639, S liege im Unendlichen, und findet in $\tau_2 = \tau_1$ die schon bekannte Bedingung für den Parallelismus von L_1 und L_2 wieder.

Man nimmt also auf jeder Geraden einen uneigentlichen Punkt zu ihren Punkten hinzu, den unendlich fernen. Lässt man in der Gleichung $y - \tau x - b = 0$ sowohl y als x über jedes Mass wachsen, so nimmt der Quotient $y_\infty : x_\infty$ den Grenzwert τ an. Der unendlich ferne Punkt ist also der Richtung nach völlig bestimmt, und da b ganz verschwindet, so kann man seit Desargues sagen: Parallele haben ihren unendlich fernen (uneigentlichen) Punkt gemeinsam.

Man lege eine Gerade durch zwei unendlich ferne Punkte, etwa in den Richtungen $\tau_1 = \frac{5}{4}$; $\tau_2 = \frac{3}{7}$, dann können wir setzen $y_1 = 5\,w$, $x_1 = 4\,w$ und $y_2 = 3\,w$, $x_2 = 7\,w$, wo w eine über jedes Mass grosse Strecke bezeichnet. Wir erhalten nach 5) $\frac{y - 5\,w}{x - 4\,w} = -\frac{2}{3}$ und daraus würde folgen $5/4 = -2/3$, ausser wenn y und x selbst unendlich, dann kann der Quotient links jeden beliebigen Wert, also auch $-2/3$, annehmen, d. h. aber: Jede Gerade, welche zwei Punkte im Unendlichen verbindet, liegt ganz im Unendlichen, und wir können ferner annehmen: Alle unendlich fernen Punkte oder Ebene liegen in Einer Geraden, der unendlich fernen Geraden.

Diese Gerade ist selbst ebenso eine uneigentliche Gerade der Ebene, wie jeder ihrer Punkte auf der Geraden, in deren Richtung er liegt. Sie hat unzählig viele Richtungen, entsprechend der Annahme der gewöhnlichen Geometrie, dass sie als Kreis mit unendlich grossem Radius um einen Punkt im Endlichen zu denken sei.

Ist $b_1 : b_2 = \tau_1 : \tau_2$, so ist $y_s = 0$, d. h. S liegt auf der X-Axe, ist $b_1 = b_2$, so liegt S auf der Y-Axe, was a priori aus der Bedeutung von b klar ist.

Nächst dem Schnittpunkt interessiert der Winkel ϑ, den L_1 mit L_2 einschliesst. Um hier die Zweideutigkeit auszuschliessen, verstehen wir darunter den Winkel, um welchen man die Gerade L_1 im positiven Sinne drehen muss, damit sie in die Richtung von L_2 gelange. Also ist dieser Winkel ϑ gleich $\alpha_2 - \alpha_1$. Für $w = 90^0$ ist $\operatorname{tg} \vartheta = \frac{\tau_2 - \tau_1}{1 + \tau_1 \tau_2}$. Ist $\tau_1 = \tau_2$, so ist $\vartheta = 0$, bezw. 2 Rechte. Ist $\vartheta = 90^0$, so ist $1 + \tau_1 \tau_2 = 0$, und umgekehrt ist

8) $\tau_1 \tau_2 + 1 = 0$

für rechtwinklige Koordinaten die Bedingung dafür, dass zwei Geraden auf einander senkrecht stehen.

Ist $w \not\parallel 90^0$, so erhält man

$\operatorname{tg} \vartheta = \frac{\sin w (\tau_2 - \tau_1)}{1 + \tau_1 \tau_2 + \cos w (\tau_1 + \tau_2)}$ und daraus als Bedingung des Senkrechtstehens

8a) $1 + \tau_1 \tau_2 + \cos w (\tau_1 + \tau_2) = 0$.

Beispiele: 1) $L_1 = y - \frac{2}{3} x - \frac{1}{3} = 0$.

$L_2 = y - 2x - 3 = 0$

$x_S = -2$, $y_S = -1$, wie sofort dadurch zu verifizieren ist, dass man diese Werte für x und y in beide Gleichungen einsetzt.

2) $L_1 = y - 2x + 1 = 0$; $L_2 = y + \frac{1}{2} x - 1 = 0$, w sei 90^0, dann ist $1 + \tau_1 \tau_2 = 0$, also $\vartheta = 90^0$; $x_S = 0{,}8$, $y_S = 0{,}6$.

Die Gleichung $U_3 = \lambda U_1 + \mu U_2 = 0$, wo λ und μ beliebige Konstanten sind, ist linear und stellt eine Gerade dar, welche durch den Schnittpunkt S der Geraden $U_1 = 0$ und $U_2 = 0$ hindurchgeht.

Umgekehrt ist jede Gleichung $U_3 = 0$ einer Geraden, welche durch den Schnittpunkt S der Geraden $U_1 = 0$, $U_2 = 0$ hindurchgeht, von der Form $\lambda U_1 + \mu U_2 = 0$.

Der einfachste Beweis dieses Satzes, der Methode nach, wäre es, in die Gleichung (7) $U_3 = y - y_s - \tau (x - x_s) = 0$ der Geraden, welche durch S geht, für x_s und y_s ihre Werte einzusetzen; man erhält dann durch etwas Rechnung $U_3 = (\beta_2 \tau + \alpha_2) U_1 - (\beta_1 \tau + \alpha_1) U_2$. Man sieht aber auch ohne Rechnung, dass, falls U_1 und U_2 die Formen verschiedener Geraden sind, jede lineare Form $U_3 = \alpha x + \beta y - \gamma$ sich in die Gestalt $\lambda U_1 + \mu U_2 + c$ bringen lässt, wo die Gleichungen $\alpha = \lambda \alpha_1 + \mu \alpha_2$ und $\beta = \lambda \beta_1 + \mu \beta_2$ die Zahlen λ und μ bestimmen, und c von x und y unabhängig ist. $U_3 = 0$ stellt eine Gerade dar; soll sie durch S hindurchgehen, so muss U_3 für $(x_s | y_s)$ gleich 0 sein, d. h. wenn U_1 und U_2 beide gleich 0 sind, muss $U_3 = 0$ sein, d. h. $c = 0$.

Man kann die Relation zwischen 3 Geraden, welche durch denselben Punkt gehen, auch in die Form bringen:

$$9) \quad \lambda_1 U_1 + \lambda_2 U_2 + \lambda_3 U_3 = 0;$$

sie ist symmetrisch und folgt aus der Identität von $f(x|y) = 0$ mit $c f(x|y) = 0$ (Schluss von § 4).

Kombiniert man eine Gerade $L = y - \tau x - b = 0$ mit einem ortsfremden Punkt $P\{(x_p | y_p)$ (Fig. 6), so interessiert zunächst der Abstand PQ. Es ist $PB = PC - BC = y_p - BC$. BC ist $= \tau x_p + b$, also $PB = y_p - \tau x_p - b = L_p$, wo L_p den Wert bedeutet, den die Form L für die Werte $x = x_p$ und $y = y_p$ annimmt. L_p ist also der in der Richtung von y gemessene Abstand des Punktes P von der Geraden, wenn er positiv genommen wird, falls er die Richtung von $-y$ hat, und negativ, falls er die Richtung von $+y$ hat; speziell ist $L_0 = -b$.

Für die absolute Länge von PQ erhalten wir hier $\pm L_p \sin(\alpha - w)$. Damit PQ, der Abstand im engern Sinne, immer das Zeichen von L_p habe, setzen wir ihn $= L_p |\sin(w - \alpha)|$, wenn wir nach Weierstrass den absoluten Betrag irgend einer Zahlengrösse z mit $|z|$ bezeichnen.

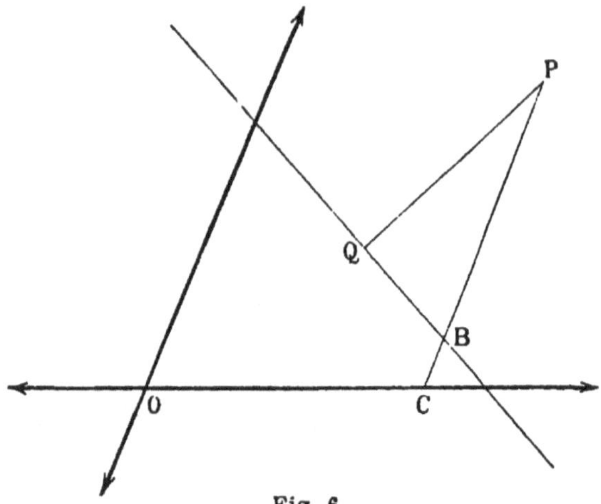

Fig. 6.

Die Gleichung der Geraden PQ ist (7 und 8) für rechtwinkliges Koordinatensystem:

$$10)\quad y - y_p = -\frac{1}{\tau}(x - x_p).$$

Ist $w \nparallel 90^0$, so ist

$$y - y_p = -\frac{1 + \tau \cos w}{\tau + \cos w}(x - x_p).$$

Für die Parallele durch P zu L gilt bei beliebigem w die Gleichung

$$10^a)\quad y - y_p = \tau(x - x_p).$$

§ 7. Die Hesse'sche oder Normalform der Geraden.

Gegeben ein Parallel-Koordinatensystem mit dem Koordinatenwinkel w (Fig. 7). Sei O' ein beliebiger

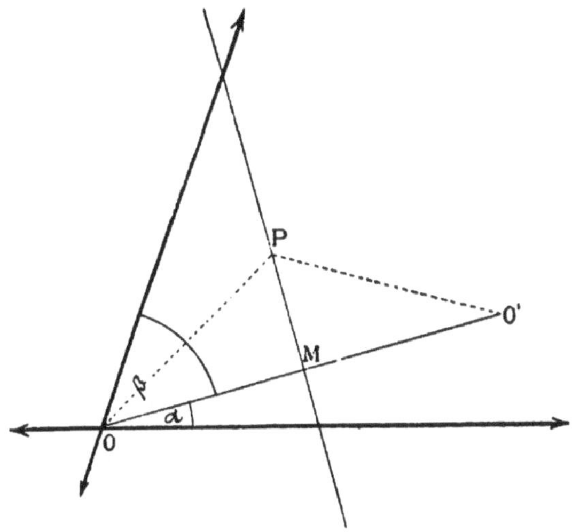

Fig. 7.

Punkt, die Mitte von OO' sei $M\{(\lambda|\mu)$ und $OM=p$. Alsdann ist $O'\{(2\lambda|2\mu)$.

Sei $P\{(x|y)$ ein Punkt, der von O und O' gleichen Abstand hat, alsdann ist nach 2)

$$(x-2\lambda)^2+(y-2\mu)^2+2(x-2\lambda)(y-2\mu)\cos w$$
$$=x^2+y^2+2xy\cos w$$

also da: $\lambda^2+\mu^2+2\lambda\mu\cos w=p^2$, folgt nach Division mit 4:

$$\text{a)}\quad x(\lambda+\mu\cos w)+y(\mu+\lambda\cos w)-p^2=0.$$

Da aber $\lambda:p=\sin\beta:\sin w$; $\mu:p=\sin\alpha:\sin w$, ferner $\sin\beta=\sin(w-\alpha)$ und $\sin\alpha=\sin(w-\beta)$, so folgt

b) $x \cos\alpha + y \cos\beta - p = 0$ und nebenbei:

c) $\cos\beta = \cos(w - \alpha)$; $\cos\alpha = \cos(w - \beta)$.

Da b) linear in x und y, so ist analytisch bewiesen, dass der Ort des Punktes P eine gerade Linie ist, die durch M geht.

Da mit Benutzung von a) sofort ersichtlich, dass $OM^2 + MP^2 = OP^2$ ist, so steht MP auf OO' senkrecht. Da nun zu jeder Geraden der Gegenpunkt O' in Bezug auf O konstruiert werden kann, so ist b) die Gleichung aller Geraden, wenigstens aller, für die OM in I liegt.

Damit b) für alle Geraden gelte, setzen wir fest:

1) dass α, im positiven Sinne gezählt, gleich oder grösser als 0 und kleiner als π sei;
2) dass p positiv oder negativ genommen werde, je nachdem der Strahl OM selbst Schenkel des Winkels α ist, oder seine Verlängerung über O;
3) dass β den Winkel misst, um den man den beweglichen Schenkel von α im positiven Sinne drehen muss, damit er auf +Y fällt.

Danach gilt b) allgemein für jedes Parallelkoordinatensystem und jede Gerade MP, und wir haben in der linken Seite von b) die Hesse'sche (Goepel) oder Normalform der Geraden,[1] wir werden sie mit H bezeichnen, so dass also

11) $H = x \cos\alpha + y \cos\beta - p = 0$

die allgemeine Gleichung der geraden Linie ist. Die Form H enthält die beiden Richtungsfaktoren $\cos\alpha$ und $\cos\beta$, zwischen denen die Relationen c) bestehen,

[1] Die Festsetzungen weichen von denen Hesse's ab, der p stets positiv nimmt und α von 0 bis 2π zählt.

und dazu noch den Abstand p, sie hängt also nur von 2 Konstanten ab, sie gilt auch noch, wenn $p=0$ ist. Da von 0 auf alle Geraden, welche untereinander parallel sind, nur Eine senkrechte Gerade geht, so haben parallele Gerade gleiche Richtungsfaktoren. und unterscheiden sich nur durch die verschiedenen Werte des p.

Sind $x\cos\alpha+y\cos\beta-p=0$ und $x\cos\alpha+y\cos\beta-p'=0$ oder kürzer $H=0$ und $H'=0$ die Gleichungen zweier paralleler Geraden, so misst p_1-p den Abstand der Parallelen H′ von H; derselbe ist positiv oder negativ, je nachdem die Richtung eines von H′ nach H gefällten Lothes der Richtung des Strahles OM entgegengesetzt oder gleich ist.

Die Gleichung der Parallelen H′ kann geschrieben werden
$$x\cos\alpha+y\cos\beta-p=d.$$

Giebt man hierin d alle Werte von $-\infty$ bis $+\infty$, so genügt jeder Punkt $P\{(x_p|y_p)$ einer dieser Gleichungen und
$$d_p=x_p\cos\alpha+y_p\cos\beta-p$$
misst den Abstand PQ des Punktes P von der Geraden H, wenn man PQ positiv oder negativ nimmt, je nachdem der Strahl PQ dem freien Schenkel des Winkels α entgegengesetzt oder gleichgerichtet ist.

Die Gerade H erscheint hier als der Ort der Punkte, welche von ihr den Abstand $d=0$ haben.

Die Hesse'sche Form hat 3 Vorzüge, sie gilt 1) für alle Koordinatenwinkel, 2) für alle Geraden, 3) giebt sie für jeden ortsfremden Punkt durch Einsetzung seiner Koordinaten in die Form den Abstand.

Der Uebergang von der allgemeinen Form U zur Hesseschen Form H vollzieht sich folgendermassen.

Sei $U = ax + by - \gamma$ eine beliebige lineare Gleichung, und $\mu U \equiv H$, wo μ eine Konstante, so stellen $U = 0$ und $H = 0$ dieselbe Gerade dar (Schluss von § 4). Es muss dann $\mu a = \cos\alpha$, $\mu b = \cos\beta$, $\mu\gamma = p$ sein. Da nach Gleichung c) $\cos\beta = \cos(w - \alpha)$, so ist

$$\mu = \frac{\sin w}{\pm\sqrt{a^2 + b^2 - 2ab\cos w}}.$$

Das Zeichen der Wurzel ist durch die Gleichung $\cos\alpha = \mu a$ bestimmt, da $\operatorname{tg}\alpha = \frac{b - a\cos w}{a\sin w}$, so ist α, weil $< \pi$, völlig bestimmt; und somit auch $\cos\alpha$. Ist $\operatorname{tg}\alpha > 0$, so ist auch $\cos\alpha > 0$, μ hat das Zeichen von a, ist $\operatorname{tg}\alpha < 0$, so ist $\cos\alpha < 0$, μ hat das Zeichen von $-$ a. Ist $w = 90^0$, so ist $\operatorname{tg}\alpha = \frac{b}{a}$, die Wurzel hat das +Zeichen, wenn b und a gleiches Zeichen haben, das Minuszeichen im entgegengesetzten Falle. Ist $b = 0$ und $w = 90^0$, so gilt das Zeichen von a. Ist $a = 0$, so ist $\alpha = 90^0$, $\beta = \frac{3}{2}\pi + w$.

Ganz ähnlich vollzieht sich der Uebergang von der Axenform $\frac{x}{a} + \frac{y}{b} - 1$ zur Hesseschen, nur das μ gleich p ist.

§ 8. Gerade durch denselben Punkt, harmonische Beziehung.

Schon in § 6 ergab sich als nötige und hinreichende Bedingung dafür, dass drei Grade $U_1 = 0$; $U_2 = 0_1$; $U_3 = 0$ (kürzer: U_1; U_2; U_3) durch denselben Punkt S gehen, die Relation:

9) $\lambda_1 U_1 + \lambda_2 U_2 + \lambda_3 U_3 = 0$, wo die λ Konstanten; sie sagt aus, dass jede der U verschwindet, wenn die *beiden* anderen U *zugleich* 0 sind. Da allgemein $cU = 0$ wenn c eine Konstante $\{ U = 0$ (§ 4 Schluss), so kann man der Relation 9 auch die Form geben:

12) $U_3 = U_1 - \lambda U_2$.

Die Gleichungen der Geraden U_1 und U_2 mögen in der Normalform gegeben sein d. h. $U_1 \equiv H_1$; $U_2 \equiv H_2$, dann ist $U_3 = H_1 - \lambda H_2$ die Gleichung einer Geraden, welche durch den Schnittpunkt S von H_1 und H_2 geht. Lässt man λ von $-\infty$ bis $+\infty$ variieren, so stellt $H_1 - \lambda H_2$ *alle* durch S gehenden Geraden dar, sobald man festsetzt, dass für $\lambda = \pm \infty$ $U_3 \{ H_2$ sei. Für eine bestimmte unter ihnen ist λ konstant, und da für sie $\lambda = H_1 : H_2$, so folgt, dass längst der Geraden U_3 auch $H_1 : H_2$, das ist das Verhältnis der Abstände aller Punkte auf U_3 von den Geraden H_1 und H_2, konstant ist und umgekehrt folgt, dass *der Ort aller Punkte, deren Abstände von zwei festen Geraden ein festes Verhältnis haben, eine durch S gehende Gerade* $U_3 = H_1 - \lambda H_2$ *ist.*

Bezeichnet man die Winkel, welche U_3 mit H_1 und H_2 macht (in *Fig.* 8 durch die spitzen Winkel zwischen H_1 und H_2 gezogen) mit u und v, so ist $\lambda = \pm \frac{\sin u}{\sin v}$ je nachdem die beiden Abstände H_1 und H_2 gleiches oder entgegengesetztes Vorzeichen haben, was von der Lage des Axenkreuzes abhängt. Innerhalb des Winkels $(u + v)$ kehrt dasselbe λ für keine zweite Gerade U wieder, da λ das Zeichen nicht wechselt und die absoluten Beträge von λ, wenn U sich von H_1 durch den

Winkel $(u+v)$ nach H_2 dreht, fortwährend wachsen, von 0 bis ∞. Tritt dagegen die sich drehende Gerade in den Nebenwinkelraum, so behält der eine Abstand seine Richtung und der andere wechselt sie d. h. λ wechselt sein Zeichen, die absoluten Beträge des λ fallen von ∞ bis 0. Zu jedem Wert des λ innerhalb

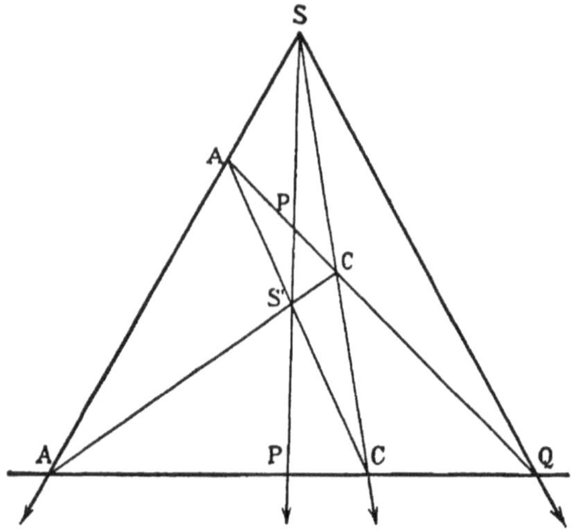

Fig. 8.

$(u+v)$ gehört also ein anderer zugeordneter λ^1 im Nebenwinkelraum, so dass $\lambda^1+\lambda=0$ ist. λ^1 ist wieder $=\pm\frac{\sin u^1}{\sin v^1}$. Ist $U_3=H_1-\lambda H_2$, so ist $U_4=H_1+\lambda H_2$ sein zugeordneter Strahl bezw. Gerade.

Man sagt: Die Geraden (Strahlen) H_1; H_2; U_3; U_4 bilden ein harmonisches Strahlenbüschel, oder auch: Die Geraden H_1 und H_2 werden durch U_3 und U_4 harmonisch getrennt.

Man sieht sofort, dass U_3 der zu H_1; H_2; U_4 zu

U_4 zugeordnete (**konjugierte**) harmonische Strahl ist. Aus $U_3 = H_1 - \lambda H_2$, $U_4 = H_1 + \lambda H_2$ folgt:

$$H_1 \left\{ {}^1/_2 (U_3 + U_4) \right\} \mu_3 H_3 + \mu_4 H_4,$$

$$\lambda H_2 \left\{ {}^1/_2 (U_4 - U_3) \right\} \mu_3 H_3 - \mu_4 H_4.$$

Da allgemein (nach § 4 Schluss) $\mu U = c H$, so heisst dies:

$$H_1 \{ H_3 - v H_4; \quad H_2 \{ H_3 + v H_4$$

d. h. die Geraden U_3 und U_4 werden auch umgekehrt durch H_1 und H_2 harmonisch getrennt, und man sieht, dass allgemein

$$U_1 = 0; \quad U_2 = 0; \quad U_1 - \lambda U_2; \quad U_1 + \lambda U_2$$

die Gleichungen vier harmonischer Geraden sind.

Sind τ_1 und τ_2 die Richtungsfaktoren von U_1 und U_2 und ϑ_1 und ϑ_2 die von U_3 und U_4, so folgt aus Elimination von λ

$$13) \quad (\tau_1 + \tau_2)(\vartheta_1 + \vartheta_2) = 2(\tau_1 \tau_2 + \vartheta_1 \vartheta_2).$$

Da die harmonische Beziehung von 4 Geraden nur von den Winkeln u, v, u^1, v^1 der Strahlen unter sich abhängt, so folgt: Die harmonische Beziehung ist vom Koordinatensystem unabhängig, ist sie also für irgend ein Koordinatensystem nachgewiesen, so ist sie es auch für jedes andere.

Schneidet man ein harmonisches Büschel durch eine beliebige Gerade, so wird das Büschel in vier harmonischen Punkten geschnitten.

Beweis: Man kann die Schnittgerade AQ, Fig. 8, zur x-Axe machen, U_1 zur y-Axe. Dann haben wir für $U_1 : x = 0$; U_2 sei $\frac{x}{a} + \frac{y}{b} - 1$, dann ist $U_3 = x - \lambda U_2$;

$U_4 = x + \lambda U_2$. A ist dann $(0|0)$, $AC = a$; C ist der Punkt auf U_2, für den $y = 0$, also $C\{(a|0)$;

$$AP = \frac{-a\lambda}{a-\lambda},\ AQ = \frac{a\lambda}{a+\lambda},$$

woraus unter Berücksichtigung, dass P innerhalb und Q ausserhalb und $\frac{AP}{CP} = \frac{\lambda}{a^2}$; $\frac{AQ}{CQ} = \frac{-\lambda}{a^2}$, sofort

$$\frac{AP}{CP} = \frac{-AQ}{CQ}.$$

Dabei ist zu beachten, dass wir Strecken wie CP und PC als entgegengesetzt gleich ansehen. Umgekehrt folgt:

Verbindet man irgend vier harmonische Punkte mit einem Punkte S, so entsteht ein harmonisches Büschel. Zieht man von einem Punkt Q auf einen der Strahlen z. B. U_4 (Fig. 8) zwei Querlinien (Transversalen) durch das Büschel, und verbindet ihre Schnittpunkte auf den nicht zu U_4 zugeordneten Strahlen über Kreuz, so schneiden sich diese Verbindungslinien auf dem zu U_4 konjugierten Strahl U_3.

Der Satz ist eine unmittelbare Folge des vorigen und der Eindeutigkeit der harmonischen Beziehung. Der analytische Beweis giebt aber ein gutes Beispiel, welchen Nutzen die freie Verfügbarkeit über das Koordinatensystem gewährt.

Sei (Fig. 8) U_1 die X-Axe, U_2 die Y-Axe, so dass also $U_1 = y$; $U_2 = x$; $U_3 = y - \lambda x$; $U_4 = y + \lambda x$ ferner $A\{(a|0)$; $A^1\{(a^1|0)$; $C\{(0|c)$; $C^1\{(0|c^1)$. Dann ist (Gerade $AC = AC$).

$$AC\left\{\frac{x}{a}+\frac{y}{c}-1;\quad A^1C^1\left\{\frac{x^1}{a^1}+\frac{y}{c^1}-1\right.\right.$$

$$AC^1\left\{\frac{x}{a}+\frac{y}{c^1}-1;\quad A^1C\left\{\frac{x}{a^1}+\frac{y}{c}-1.\right.\right.$$

Da U_4 durch den Schnittpunkt Q von AC und A^1C^1 hindurchgeht, so ist $U_4\{AC-\gamma A^1C^1$, und da U_4 durch $S\{(0|0)$ geht, so ist $\gamma=1$. Ebenso ist für die Gerade, welche den Schnittpunkt S^1 von AC^1 und A^1C mit S verbindet, deren Form $AC^1-\gamma^1 A^1C$ ist, $\gamma^1=1$, und da AC^1-A^1C von $AC-A^1C^1$ (d. h. U_4) nur durch das Vorzeichen von y unterschieden, so ist $SS^1\{U_3$.

Wird das Viereck $SA^1S^1C^1$ als System der 4 Geraden, welche seine Seiten bilden, aufgefasst, so gehören zum vollständigen Vierseit auch die Ecken A und C, während SS^1, AC und A^1C^1 die drei Diagonalen sind und man hat den Satz:

Im vollständigen Vierheit teilen die Diagonalen einander harmonisch.

Der Satz lässt sich auch fast frei von Rechnung beweisen mit demselben Gedankengang wie in der gewöhnlichen Geometrie.

Es sei U_1; U_2; $U_1-\lambda U_2$; $U_1+\lambda U_2$ ein harmonisches System, und U_1; U^1_2; $U_1-\lambda^1 U^1_2$; $U_1+\lambda^1 U^1$ ein zweites, welches mit dem ersten Einen Strahl, hier U_1 gemeinsam hat. Es ist:

$$U_3-U^1_3\equiv U^1_4-U_4\equiv\lambda^1 U^1_2-\lambda U_2$$

und da $U_1\equiv U^1_1$, so heisst dies: Die 4 harmonischen Strahlenpaare schneiden sich auf ein und derselben Geraden.

Da ferner: $U_4 - U^1_3 \equiv U^1_4 - U_3 \equiv \lambda U_2 + \lambda^1 U^1_2$, und $U_1 \equiv U^1_1$, so liegen auch die Schnittpunkte von U_4 und U^1_3, U^1_4 und U_3, U_2 und U^1_2, U_1 U^1_1 (letzteres $\equiv U_1$) auf Einer Geraden. Dies ist der Satz vom vollständigen Vierseit, und zwar in der übersichtlichen Fassung:

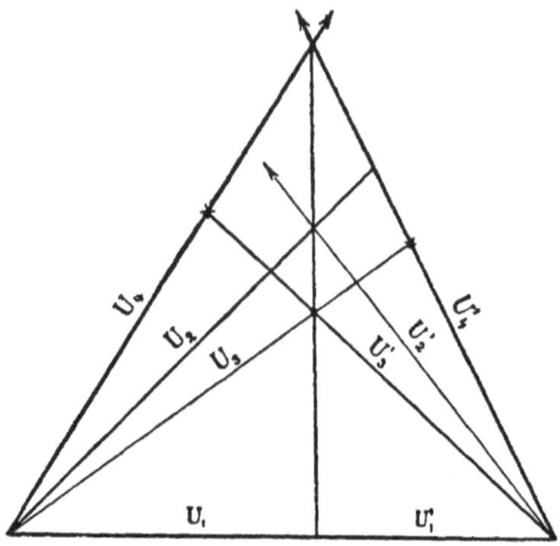

Fig. 9.

Durch jede Ecke eines vollständigen Vierseits gehen 3 Strahlen, die beiden Seiten und eine Diagonale, der zur Diagonale zugeordnete 4. harmonische Strahl ist die Gerade, welche die Ecke mit dem Schnittpunkt der beiden nicht durch diese Ecke gehenden Diagonalen verbindet.

Von diesen 4. harmonischen Strahlen ist in der Fig. 8 nur der Strahl SQ gezeichnet.

Beim ersten Beweis ergiebt sich durch Vergleich von $U_4 \{ y + \lambda x$ und $U_4 \{ AC - C^1 A^1$

$$\lambda = -\left(\frac{1}{a} - \frac{1}{a^1}\right) : \left(\frac{1}{c} - \frac{1}{c^1}\right)$$

$$\lambda = -\frac{AA^1 . SC . SC^1}{CC^1 . SA . SA^1}.$$

Da λ nach § 8 gleich dem (mit bestimmten Vorzeichen versehenen) Verhältnis der Abstände des Punktes Q von U_1 und U_2 ist, so ist

$$\pm \lambda = AQ \sin\alpha : CQ \sin\gamma,$$

wo α den Winkel SAQ und γ den Nebenwinkel von SCQ bezeichnet. Nach dem Sinussatz ist $\sin\alpha : \sin\gamma = SC : SA$,

$$\text{also } \pm \lambda = \frac{AQ}{CQ} \frac{SC}{SA},$$

$$\text{somit } \pm \frac{AQ}{CQ} = \frac{AA^1}{CC^1} \frac{SC^1}{SA^1} \text{ oder}$$

$$13) \quad \frac{AA^1 . SC^1 . CQ}{SA^1 . CC^1 . AQ} = 1.$$

Wir haben den Satz des Menelaos (98 p. Chr.): Werden die 3 Seiten eines Dreiecks von einer Geraden (Transversalen) geschnitten, so sind die Produkte der Wechselabschnitte gleich.

Geht man von U_3 aus, so findet man, dass entweder $+$ oder $-\lambda$ auch gleich dem Verhältnis der Abstände des Punktes P von SA und SC ist, woraus sich ergiebt:

$$\frac{AA^1 . SC^1 . CP}{SA^1 . CC^1 . AP} = -1.$$

Dies Resultat ist auch eine unmittelbare Folge von 13), wenn man bedenkt, dass $AP : CP = -AQ : CQ$ ist.

Wir haben damit den Satz des Ceva (1699):

Schneiden sich drei Ecktransversalen eines Dreiecks in einem Punkt, so sind die Produkte der Wechselabschnitte einander gleich.

Beide Sätze, Menelaos und Ceva, sind umkehrbar, und darin besteht ihre Bedeutung. Also:

Liegen 3 Punkte auf den 3 Seiten eines Dreiecks so, dass die Produkte der Wechselabschnitte gleich sind, so liegen die 3 Punkte in Einer Geraden.

Liegen 3 Punkte auf den Seiten eines Dreiecks so, dass die Produkte der Wechselabschnitte entgegengesetzt gleich sind, so schneiden sich die 3 zugehörigen Ecktransversalen in Einem Punkte.

Man sieht, dass so bald man einen Teilungspunkt einer Dreieckseite durch seine harmonischen (in Bezug auf die Ecken) ersetzt, die Gleichungen des Menelaos und Ceva in einander übergehen, es gehören also immer 4 Sätze zusammen, als eine Gruppe, welche durch Vertauschung eines Punktes, zweier Punkte, dreier Punkte, mit ihren harmonischen auseinander folgen.

Es mag auch bemerkt werden, dass der Satz vom vollständigen Vierseit eine unmittelbare Folge des Menelaos und Ceva ist. Von beiden Sätzen giebt es zahlreiche Anwendungen, so lassen sich z. B. die Sätze über die Winkelhalbierenden des Dreiecks, der Satz über das Schneiden der 3 Höhen, der 3 Mittelsenkrechten etc. ohne Mühe mittelst des Ceva beweisen. Unmittelbar klar ist, dass die 3 Schwer- oder Mittellinien sich in einem Punkte schneiden. Ebenso leuchtet der Satz ein: Die Linien, welche die Ecken eines Dreiecks mit den Berührungspunkten des Inkreises verbinden, schneiden sich im selben Punkt.

Denn die Tangenten von einem Punkt an einen Kreis sind gleich. Aus diesem Satz folgt sofort, indem man alle 3 Berührungspunkte durch ihre harmonischen Punkte ersetzt, der Satz:

Die 3 Berührungssehnen des Inkreises schneiden die Gegenseiten in 3 Punkten, welche auf Einer Geraden liegen.

Analoge Sätze gelten für die Ankreise.

Das harmonische System, welches sich am natürlichsten darbietet, ist das System H_1; H_2; $H_1 - H_2$; $H_1 + H_2$; in welchem λ den Wert 1 hat; nach der Festsetzung der Bedeutung von λ in § 8 ist klar, dass $H_1 - H_3$; $H_1 + H_3$ die Geraden sind, welche die 4 Winkelfelder zwischen H_1 und H_2 halbieren. Also:

Zwei sich schneidende Geraden und die beiden Halbierungslinien ihrer Winkel bilden ein harmonisches Strahlenbündel, sowie die Umkehrung (die beiden Winkelhalbierenden stehen auf einander senkrecht, was auch analytisch sofort durch Gleichung 8 gezeigt werden kann).

Wenn von vier harmonischen Strahlen das eine Paar auf einander senkrecht steht, so halbieren diese den Winkel zwischen dem andern Paare.

III. Abschnitt.

Der Punkt als Träger der sich in ihm schneidenden Geraden.

§ 9. Die Gleichung des Punktes.

Seien $\cos\alpha$, $\cos\beta$, p die Koordinaten einer Geraden, wo nach c) $\cos\beta = \cos(w - \alpha)$, also wenn $w = 90^0$ $\cos^2\alpha + \cos^2\beta = 1$ ist; haben $\cos\alpha$, $\cos\beta$, p feste Werte, so bestimmen sie eine Gerade $H\{x\cos\alpha + y\cos\beta - p = 0$, wo x und y, als veränderlich und als Punktkoordinaten aufgefasst, alle Punkte dieser Geraden H liefern. Sei $P\{(x_1 | y_1)$ ein bestimmter unter ihnen, so dass $x_1\cos\alpha + y_1\cos\beta - p = 0$, so sieht man, dass, wie auch $\cos\alpha$, $\cos\beta$ und p sich ändern, wenn nur die Relation c) bestehen und die Gleichung $x_1\cos\alpha + y_1\cos\beta - p$ erfüllt bleibt, diese stets eine der unzähligen Geraden darstellt, welche durch den Punkt $P\{(x_1 | y_1)$ hindurchgehen. Bezeichnet man $\cos\alpha$, $\cos\beta$, p als variabel mit u, v, w, und x_1 und y_1 als Konstante mit A, B, so liefern die sämtlichen zulässigen Wertsysteme von u, v, w *alle* Geraden und nur die Geraden, welche durch den Punkt $P\{(A | B)$ hindurchgehen, und dieser erscheint als Träger der unzähligen Geraden, welche die Gleichung darstellt:

1) $Au + Bv - w = 0.$

Diese Gleichung heisst die *Gleichung des Punktes* $P\{(A|B)$ in (Normal)-*Linienkoordinaten*. *Es liegen also alle Linien, deren Koordinaten* 1) *genügen, auf Einem Punkt*, gerade wie alle Punkte, welche der Gleichung $H=0$ genügen, auf Einer Geraden.

Es tritt hier das zuerst von Poncelet formulierte wichtigste Prinzip der modernen Geometrie, das Dualitätsprinzip, scharf zu Tage, wonach zu jedem Satz über Punkte und Gerade (in der Ebene), dual ein zweiter durch Vertauschung der Elemente: Gerade und Punkt abgeleitet wird. Die Sätze von der harmonischen Teilung, Menelaos und Ceva, waren schon Beispiele dieses Gesetzes.

Gehen wir von der speziellen Form $U=\alpha x+\beta y-1$ aus, so bedeuten (cf. § 5, 6) α und β die reciproken Werte der Abschnitte, welche die Gerade U auf den Axen bildet. Bezeichnet man dann die Grössen α und β, insofern jede Einzelne von ihnen unbeschränkt veränderlich gedacht wird, mit u und v, so ist $au+bv-1=0$ die Gleichung jeder Geraden, welche durch den Punkt $P\{(a|b)$ hindurch geht, und nur dieser, somit ist

$$N=au+bv-1$$

die Gleichung des Punktes P in Linienkoordinaten. Die Form N (die linke Seite der auf 0 gebrachten Gleichung) heisst die Normalform (der Gleichung) des Punktes, sie ist von der allgemeineren Form

$$M=au+bv-c=0$$

nur dadurch verschieden, dass in N der Punkt in Punktkoordinaten bestimmt ist durch $P\{(a|b)$, während er in M durch die Koordinaten a/c und b/c bestimmt ist; die Linienkoordinaten u und v haben in beiden Formen die gleiche Bedeutung. Man sieht, dass es nur von der Auffassung abhängt, ob eine Gleichung ersten Grades zweier Variabeln (lineare) eine Gerade oder einen Punkt darstellt.

§ 10. Punkte auf derselben Geraden.

Seien $W_1 = 0$; $W_2 = 0$ die Gleichungen zweier Punkte P_1 und P_2. Sei $P \{ W$ ein dritter Punkt. W kann als lineare Gleichung (cf. § 6) die Form erhalten $\lambda_1 W_1 + \lambda_2 W_2 + \lambda_3$, wo die λ Konstanten. Für diejenige Gerade des Punktes P, welche durch P_1 geht, ist ausser W auch $W_1 = 0$, für die, welche durch P_2 geht, ist ausser W auch $W_2 = 0$, fallen beide Gerade zusammen, so müssen alle drei W zugleich verschwinden, d. h. λ_3 muss $= 0$ sein, wenn der Punkt P auf der Geraden $P_1 P_2$ liegt, und umgekehrt. Also ist $\lambda_1 W_1 + \lambda_2 W_2$ die Gleichung jedes Punktes, der auf der Geraden liegt, welche die Punkte $P_1 \{ W_1$ und $P_2 \{ W_2$ (oder kürzer die Punkte W_1 und W_2) verbindet. Man hätte auch wörtlich den Gang von § 6 befolgen können, d. h. die Linienkoordinaten u_3 und v_3 der Verbindungsgeraden aus $W_1 = 0$ und $W_2 = 0$ berechnen können.

Man würde wörtlich bis auf Vertauschung der Worte Punkt und Gerade, die §§ 5 und 6 wiederholen können, und z. B. die Gleichung des Punktes P der auf zwei gegebenen Linien $(u_1 | v_1)$ und $(u_2 | v_2)$ liegt, würde lauten:

$$v - v_1 = \frac{v_2 - v_1}{u_2 - u_1}(u - u_1).$$

Allgemein ist

$$W_1 \lambda_1 + W_2 \lambda_2 + W_3 \lambda_3 = 0$$

die Bedingung dafür, dass drei Punkte W_1, W_2, W_3

in einer Geraden liegen (cf. § 6, 9). Nach der Bemerkung vom Schluss des § 4 lässt sie sich auch auf die Form bringen:

$$W = W_1 - \lambda W_2$$

wobei wieder festgesetzt wird, dass für $\lambda = \infty$, $W \equiv W_2$ ist.

Setzt man in die Form der Gleichung eines Punktes $N\{au + bv - 1$ die Koordinaten u_e und v_e einer ortsfremden Geraden L, so ist $N_e \neq 0$, aber $N_e \left\{ \frac{H_n^L}{\mu} \right.$ wo μ (cf. § 6 Schluss) nur von u_e und v_e, d. h. von L abhängt; d. h. N_e ist, abgesehen von dem für dieselbe Gerade konstanten Faktor μ, der Abstand des Punktes N von der Geraden L. Das Zeichen des Abstandes bestimmt sich nach der in § 7 gegebenen Regel, aus der folgt, dass für 2 Punkte, welche auf derselben Seite von L liegen, bezw. für Geraden, welche die Verbindungsstrecke beider Punkte nicht schneiden, die Abstände dasselbe Zeichen haben, und im entgegengesetzten Falle entgegengesetztes.

Es sei für eine Gerade $u_e, v_e : N_{1,e} + N_{2,e} = 0$, alsdann ist, wenn wir u_e und v_e als, Einzeln betrachtet, beliebig variabel (u und v) ansehen: $N = N_1 + N_2 = 0$ 1) die Gleichung eines Punktes; 2) eines Punktes auf der Geraden, welche $P_1\{N_1$ mit $P_2\{N_2$ verbindet; 3) eines Punktes, dessen Geraden von P_1 und P_2 entgegengesetzt gleichen Abstand haben, d. h.: $N_1 + N_2 = 0$ ist die Gleichung der Mitte M von P_1P_2. Sei $N = N_1 - N_2 = 0$, so ist dies die Gleichung eines Punktes, der auf P_1P_2 liegt, und dessen Geraden von P_1

und P_2 gleichen Abstand haben, d. h. aber $N \{ N_1 - N_2$ *ist der Unendlich ferne Punkt auf* $P_1 P_2$. Man kann das leicht nachprüfen, da in der Form $N \equiv N_1 - N_2$ das konstante Glied 0 ist, d. h. aber der Punkt $N = \lambda u + \mu v = 0$ hat die Punktkoordinaten $\lambda : 0$; $\mu : 0$ id est ∞.

Seien $N_1 = 0$, $N_2 = 0$, $N_3 = 0$ die Gleichungen der 3 Ecken A, B, C eines Dreiecks, dann ist $N_2 + N_3 \{$ der Mitte A_1 von BC; ebenso $N_3 + N_1 \{ B_1$; $N_1 + N_2 \{ C_1$ während

$$N_2 - N_3 = 0; \; N_3 - N_1 = 0; \; N_1 - N_2 = 0$$

die unendlich fernen Punkte auf BC, CA, AB darstellen. Es ist nun:

$$(N_2 - N_3) + (N_3 - N_1) + (N_1 - N_2) = 0$$

d. h. (nach 9): *Die unendlich fernen Punkte liegen auf Einer Geraden, der unendlich fernen Geraden.*

Ferner:

$$(N_2 - N_3) + (N_3 + N_1) - (N_1 + N_2) = 0$$

d. h.: *Die Verbindungslinie der Mittelpunkte zweier Seiten ist der dritten parallel.*

Es ist $W = N_1 + N_2 + N_3 = 0$ die Gleichung eines Punktes P (als lineare Gleichung in Linienkoordinaten) kurz $P \{ N_1 + N_2 + N_3$, da aber auch $W \equiv N_1 + (N_2 + N_3)$, so liegt P auf der Geraden, welche $A \{ N_1$ mit $A_1 \{ (N_2 + N_3)$ verbindet. Da aber W auch $\equiv N_2 + (N_1 + N_3)$ und $\equiv N_3 + (N_1 + N_2)$, so heisst dies: *Die 3 Mittellinien eines Dreiecks schneiden sich in Einem Punkte.*

Die Höhenfusspunkte haben die Gleichungen $N_2 \cot\beta + N_3 \cot\gamma$; $N_3 \cot\gamma + N_1 \cot\alpha$; $N_1 \cot\alpha + N_2 \cot\beta$, somit schneiden sich die drei Höhen in dem Punkte.

$$H \equiv N_1 \cot\alpha + N_2 \cot\beta + N_3 \cot\gamma = 0.$$

§ 11. Harmonische Punkte.

Es seien A und C zwei Punkte, N_1 und N_2 ihre Normalformen, alsdann ist

$$W = N_1 - \lambda N_2 = 0$$

die Gleichung eines Punktes P auf der Verbindungslinie von A und C, der innerhalb AC liegt, wenn λ negativ, und wo $\lambda = N_1 : N_2$ für alle seine Geraden konstant und somit gleich dem Teilungsverhältnis von AP:PC ist, da zu den Geraden des Punktes P auch die in P auf AC Senkrechte gehört. Dasselbe gilt, wenn λ positiv, nur dass dann P ausserhalb liegt. Ist Q ein Punkt ausserhalb, also $\{N_1 - \mu N_2$, wo μ positiv, und ist $\mu + \lambda = 0$, so sind nach dem Vorhergesagten die Punkte A, C, P, Q harmonisch, also sind

$$N_1 = 0;\ N_2 = 0;\ N_1 - \lambda N_2 = 0;\ N_1 + \lambda N_2 = 0.$$

Die Gleichungen eines harmonischen Punktsystems ACPQ oder [ACPQ], wo A und C das eine Paar konjugierter Punkte, P und Q das andere bilden, oder A und C durch P und Q harmonisch getrennt werden. Es ist üblich, die Punkte in der Reihenfolge zu nennen, dass der die Strecke der beiden ersten innerhalb teilende an dritter Stelle genannt wird.

Man könnte immer die Rechnungen und Betrachtungen des § 8 wörtlich wiederholen und würde mit Vertauschung der Worte: Punkt und Gerade zu den dualen oder reciproken Sätzen gelangen, wobei zu bemerken, dass Menelaos und Ceva schon dual sind, da wir beim Beweis schon den Dualismus zwischen harmonischem Strahl- und Punktsystem benützt haben; indessen sei noch einiges ausgeführt.

Zunächst ist, wenn $N_1 - \lambda N_2$ mit W_3, $N_1 + \lambda N_2$ mit W_4 bezeichnet werden,

$$W_3 = (1-\lambda) N_3; \quad W_4 = (1+\lambda) N_4,$$

wo N_3 und N_4 die Normalformen der Punkte P und Q [λ ist hier negativ]; alsdann folgt

$$2 N_1 = (1-\lambda)\left[N_3 - \frac{\lambda+1}{\lambda-1} N_4\right]$$

$$-2\lambda N_2 = (1-\lambda)\left[N_3 + \frac{\lambda+1}{\lambda-1} N_4\right]$$

oder $$W_1 = N_3 - \mu N_4; \quad W_2 = N_3 + \mu N_4,$$

d. h. also W_3 und W_4 werden durch W_1 und W_2 ebenfalls harmonisch getrennt und das Teilungsverhältnis der Strecke PQ ist abgesehen vom Zeichen $\frac{\lambda+1}{\lambda-1}$.

Es werde noch der duale Satz zum Hauptsatz über die harmonischen Strahlen S. 39 direkt abgeleitet, er lautet: **Wird ein Punkt mit einem harmonischen Punktsystem verbunden, so entsteht ein harmonisches Strahlensystem.**

Sei [ACPQ] das harmonische System, und S der Punkt. Es werde die Distance eines Punktes, z. B. auf SA, von einer Geraden, z. B. SP, mit ${}^{a}d_{p}$ bezeichnet. Dann ist ${}^{a}d_{p} : {}^{a}d_{q}$ längs des Strahles SA konstant (cf. § 8) und sei gleich c, ebenso ${}^{c}d_{p} : {}^{c}d_{q}$ längs SC konstant und gleich c′

$$\frac{c}{c^{1}} = \frac{{}^{a}d_{p}\ {}^{c}d_{q}}{{}^{c}d_{p}\ {}^{a}d_{q}} = -1.$$

Also $c + c^{1} = 0$, womit der Satz bewiesen.

§ 12. Zusammenstellung der wichtigsten Formeln über die Gerade.

1) Gleichung der Geraden g, welche durch den Punkt $P\{(x_1 | y_1)$ geht und mit $+X$ den Winkel α bildet (S. 25).

1) $y - y_1 = \tau(x - x_1)$, wo τ „der Richtungsfaktor“ $= \sin\alpha / \sin(w - \alpha)$.

1ᵃ) Ist $P\{(0 | b)$, so ist die Gleichung

1ᵃ) $y - (\tau x + b) = 0$.

2) Bedingung dafür, dass 4 Gerade durch P mit den Richtungsfaktoren τ_0 und τ_1 einerseits und ϑ_0 und ϑ_1 andererseits einander harmonisch trennen (abgeleitet aus Formel 4).

2) $(\tau_0 + \tau_1)(\vartheta_0 + \vartheta_1) = 2(\tau_0 \tau_1 + \vartheta_0 \vartheta_1)$.

3) Winkel zweier Geraden bei $w = 90^0$ und positiver Drehung der ersten zur zweiten.

3) $\operatorname{tg}\varphi = \frac{\tau_1 - \tau_0}{1 + \tau_0 \tau_1}$, die Geraden parallel, wenn $\tau_1 = \tau_0$, senkrecht, wenn $1 + \tau_0 \tau_1 = 0$ ist.

4) Gleichung, wenn g durch 2 Punkte $P\{(x_1 | y_1)$ und $Q\{(x_2 | y_2)$ bestimmt ist.

4) $y - y_1 = \frac{y_1 - y_2}{x_1 - x_2}(x - x_1)$; $\tau = \frac{y_1 - y_2}{x_1 - x_2} = \frac{y_2 - y_1}{x_2 - x_1}$.

5) Gleichung der Geraden in Hesses Form (S. 34).

5) $H = x \cos\alpha + y \cos\beta - p = 0$, wo, wenn $w = 90^0$, $\cos^2\alpha + \cos^2\beta = 1$.

6) Abstand d des Punktes $P\{(\xi | \eta)$ von H.

6) $\xi \cos\alpha + \eta \cos\beta - \delta = d$.

7) Gleichung der Geraden A in Axenform (S. 24).

7) $A = \frac{x}{a} + \frac{y}{b} - 1 = 0$, wo a und b die Abschnitte sind, welche A auf den Axen abschneidet; wird a^{-1} mit u und b^{-1} mit v bezeichnet, so hat man

7a) $A = ux + vy - 1 = 0$, also $\tau = -\frac{u}{v}$, und (wenn $w = 90^0$) $\delta^2(u^2 + v^2) = 1$.

Ist $u = 0$, v endlich und bestimmt, so ist A ∥ der x-Axe, ist u beliebig, $v = \infty$, so ist A die x-Axe selbst.

Ist $v = 0$, u endlich und bestimmt, so ist A ∥ der y-Axe, ist v beliebig, $u = \infty$, so ist A die y-Axe selbst.

Ist $u = 0$, $v = 0$, so ist A die unendlich ferne Gerade.

Ist $u = \infty$, $v = \infty$, so geht A durch den Nullpunkt und wird durch den Quotienten $u : v$ bestimmt.

8) Ist $A_0 \{(u_0 | v_0)$ und $A_1 \{(u_1 | v_1)$ und ihr Schnittpunkt $S \{(\xi | \eta)$, so ist

8) $\xi = (v_1 - v_0) : \lambda; \quad \eta = (u_0 = u_1) : \lambda$, wo $\lambda = u_0 v_1 - v_0 u_1$.

9) Ist $w = 90$ und φ der Winkel zwischen A_0 und A_1, so ist

9) $\operatorname{tg} \varphi = \frac{u_0 v_1 - v_0 u_1}{u_0 u_1 + v_0 v_1}$, also $\sin^2 \varphi = \lambda^2 \delta_0^2 \delta_1^2$.

10) Gleichung der Geraden in allgemeiner Form.

10) $ax + by - c = 0$, also $a:c = u$; $b:c = v$; $\tau = -a:b$.

IV. Abschnitt.

Parallel-Koordinaten-Transformation.

§ 13.

Es ist häufig von Vorteil, das Axensystem zu wechseln. Aendert man die Richtung der Axen nicht, sondern verschiebt nur den Nullpunkt auf der Abscissenaxe von O nach $O' \{ a/0$, so bleiben die Ordinaten unverändert und die neue Abscisse x' ist $x - a$ bezw. $x = x' + a$. Verschiebt man ebenso den Nullpunkt auf der y-Axe, so bleibt x ungeändert und y' ist $y - b$ bezw. $y = y' + b$. Verschiebt man die Axen also parallel nach dem beliebigen Punkt $O' \{ a, b$, so ist $x' = x - a$; $y' = y - b$ bezw. $x = x' + a$; $y = y' + b$.

Eine Parallverschiebung des Axenkreuzes ändert also Abscisse bezw. Ordinate nur um die konstante Abscisse bezw. Ordinate des neuen Anfangspunktes in Bezug auf das alte System.

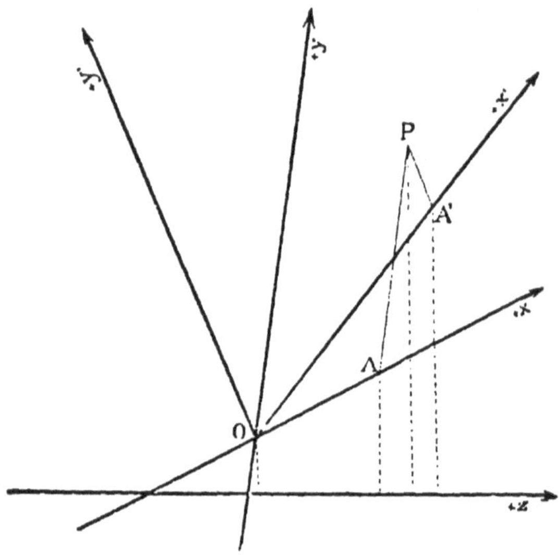

Fig. 10.

Sei jetzt ein Axensystem O, X, Y, w gegeben, +X werde (Fig. 10) in die Lage +X', +Y in +Y' gedreht (stets im positiven Sinn). Dann ist, wenn $P\{(x|y)\{(x'|y')$ ist: $x = OA$; $y = AP$, $x' = OA'$; $y' = A'P$.

Projiziert man nun den Linienzug OAPA'O auf eine ganz beliebige Projektionsaxe +Z und bezeichnet den Winkel zwischen +Z und +X wie üblich mit (zx), so ist:

$$x \cos(zx) + y \cos(zy) - y' \cos(zy') - x' \cos(zx') = 0,$$

so dass

$$x \cos(zx) + y \cos(zy) = x' \cos(zx') + y \cos(zy').$$

Diese Gleichung umschliesst einen wichtigen Satz.

Die Summe der Projektionen der Koordinaten eines Punktes auf eine beliebige Axe ist von der Richtung der Koordinaten unabhängig.

Die völlige Freiheit in der Wahl der Axe Z kann man nun benutzen, um x und y durch x' und y', aber auch diese durch jene auszudrücken, je nachdem man $\cos(zy)$, $\cos(zx)$, $\cos(zy')$, $\cos(zx')$ verschwinden lässt, dadurch, dass man die betreffenden Winkel $= 90^0$ wählt. Bezeichnet man den Winkel (xx') mit α und (xy') mit β, und hebt man hervor, dass, abgesehen von etwaigen Vielfachen, von 4 Rechten, $\beta - \alpha = (x'y') = w'$ ist, so erhalten wir das System:

$$4)\quad \begin{aligned} x \sin w &= x' \sin(w - \alpha) + y' \sin(w - \beta) \\ y \sin w &= x' \sin\alpha + y' \sin\beta \\ x' \sin w' &= x \sin\beta - y \sin(w - \beta) \\ y' \sin w' &= -x \sin\alpha + y \sin(w - \alpha). \end{aligned}$$

Sind w und w' beide rechte Winkel, so erhält man, wenn das Axenkreuz um den Winkel α gedreht wird, also $\beta = 90 + \alpha$ ist:

$$4^{a})\quad \begin{aligned} x &= x' \cos\alpha - y' \sin\alpha \\ y &= x' \sin\alpha + y' \cos\alpha \\ x' &= x \cos\alpha + y \sin\alpha \\ y' &= -x \sin\alpha + y \cos\alpha. \end{aligned}$$

Specielle Fälle $\alpha = 90^0$, $\beta = 180^0$

$$x = -y'; \quad y = x'$$

$$\alpha = 180^0; \quad \beta = 270^0$$

$$x' = -x;\ y' = -y$$

$$\alpha = 270^0;\ \beta = 360^0$$

$$x' = -y;\ y' = x$$

$$\alpha = 90^0,\ \beta = 360^0;\ w' = 270^0$$

$$x' = y;\ y' = y$$

$$\alpha = 4R - 45^0,\ w = 90^0,\ w' = 90;\ \beta = 45^0$$

$$x = (y' + x')\sqrt{\tfrac{1}{2}};\ y = (y' - x')\sqrt{\tfrac{1}{2}}.$$

In das Gebiet der Koordinaten-Transformation gehört auch die Aenderung des Massstabes; wenn man z. B. nach der letzten Transformation die Längeneinheit durch ihr $\sqrt{\tfrac{1}{2}}$faches ersetzt, lässt sich $y' = x + y$; $x' = x - y$ setzen.

V. Abschnitt.

Der Kreis.

§ 14. Die Kurve.

Der Kreis wird definiert als Ort der Punkte, die von einem gegebenen Punkte, dem Centrum $(M\{a|b\})$ eine gegebene Entfernung, z. B. r, haben. Dann ist nach § 3

$$K = (x-a)^2 + (y-b)^2 + 2(x-a)(y-b)\cos w - r^2 = 0$$

die Gleichung des Kreises.

Sind x, y die Koordinaten eines beliebigen Punktes P, so ist $K = MP^2 - r^2$, d. h. die Form K stellt für jeden beliebigen Punkt P dar die Differenz des Quadrates seiner Entfernung vom Mittelpunkt und des Quadrates des Radius. Wir nennen mit Steiner K die Potenz des Kreises im Punkte P.

Ist $w=90$, so geht $K=0$ über in:

1) $(x-a)^2+(y-b)^2-r^2=0$

die sogen. Normalform K_n, ist auch noch $M\{(0|0)$, d. h. fällt M mit O zusammen, so ist:

2) $K=x^2+y^2-r^2=0$

die Mittelpunktsgleichung. (Form M.)

Die Gleichung des Kreises ist vom 2. Grade (quadratische Form), aber nicht jede Gleichung 2. Grades ist die eines Kreises. Sei $f(x,y)=0$ eine solche, so muss sie der Form K äquivalent sein, d. h. sie kann sich nur durch einen konstanten Faktor von K unterscheiden, der durch Division beseitigt werden kann. Demnach muss $f(x, y)$ die Form annehmen:

$$Q=x^2+y^2+2sxy-2px-2qy+n=0.$$

Die Vergleichung ergiebt 1) s muss <1 sein, denn es muss $s=\cos w$ sein, 2) es muss: $a+b\cos w=p$, $b+a\cos w=q$ sein, und hieraus:

$$3)\ b=\frac{q-ps}{1-s^2};\ a=\frac{p-qs}{1-s^2};$$

$$r^2=\frac{q^2+p^2-2pq\cos w}{\sin^2 w}-n.$$

Ist Punkt $A\{(p/\sin w), -(q/\sin w)$, so ist $r^2=OA^2-n$. Damit also eine beliebige quadratische Form Q die Form eines Kreises sei, ist nötig, dass 1) die Koefficienten von x^2 und y^2 beide gleich; 2) nach Division mit diesen Koefficienten der Koefficient von $2xy$ kleiner als 1 ist, 3) der Punkt A ausserhalb des Kreises bezw. $OA^2>n$ sei. Ist $w=90^0$, so muss der Koefficient s von xy gleich 0 sein, und $q^2+p^2>n$.

Um die Gleichung des Kreises aus der Form Q in die Form K zu transformieren, ist eine Koordinatentransformation durch Drehung erforderlich und in den Formeln 4) $w' = 90$, $\alpha = 0$ und $\beta = 90^0$ zu setzen, da ja K giltig bleibt für jede beliebige Richtung der X-Axe.

§ 15. Kreis und Gerade.

Sei 1) $x^2 + y^2 - r^2 = 0$ ein Kreis K.

Sei g eine Gerade bestimmt durch den Punkt $P \{ x_0$ und ihre Richtung, so ist, wenn R den Abstand des laufenden Punktes von P bezeichnet,

$$x = x_0 + R \cos \alpha ; \; y = y_0 + R \sin \alpha .$$

Setzen wir diese Werte in 1) ein, so erhalten wir für die Abstände der Schnittpunkte des Kreises und der Geraden von P die Gleichung

2) $R^2 + 2 R (x_0 \cos \alpha + y_0 \sin \alpha) + K (x_0 y_0)$.

Aus den bekannten Sätzen über die Wurzeln einer quadratischen Gleichung, S. G. 47 S. 113, folgt

1) Ein Kreis und eine Gerade haben nicht mehr als 2 Schnittpunkte: A und B.

2) $R_1 R_2 = PA . PB = K (x_0 y_0) = MP^2 - r^2$.

Der Potenzsatz: Das Produkt der Abschnitte aller Kreissehnen, welche durch denselben Punkt P gehen, ist konstant und gleich der Potenz des Kreises in P.

4) Ist der Koefficient von R in 2) gleich 0, so liegt der Punkt P in der Mitte der Sehne und es ist $tg \alpha = - x_0 : y_0$, d. h. *die Mitten aller parallelen Sehnen liegen auf einem Durchmesser.* Jede Sehne durch das Centrum M wird in ihm halbiert.

Aus der Gleichung 2) fliessen mühelos alle aus der Elementargeometrie bekannten Sätze über die Beziehung zwischen Kreis und Gerade.

Es ist $R_1 + R_2 = 2\delta(x_0 \cos\alpha + y_0 \sin\alpha)$, d. h. gleich dem doppelten Abstand d des Punktes P von dem auf der Sehne senkrechten Durchmesser. Die Auflösung der Gleichung 2 nach R giebt

$$R = d \pm \sqrt{d^2 + r^2 - MP^2} = d \pm \sqrt{r^2 - \delta^2}$$

und damit die Sätze: Eine Gerade schneidet den Kreis, berührt ihn, schneidet ihn nicht, je nachdem ihr Abstand vom Centrum kleiner, gleich, grösser wie der Radius.

Als Bedingung, dass eine Gerade deren Axenlinienkoordinaten u und v sind, den Kreis berühre, haben wir $r^2 = \delta^2$, also für die Form M bezw. K

3) $u^2 + v^2 = r^{-2}$

3a) $r^2(u^2 + v^2) = (au + bv - 1)^2$

die Gleichung des Kreises in Linienkoordinaten.

Als Gleichung der Sehne erhalten wir da $\operatorname{tg}\alpha = -\cot\alpha'$ ist (α' Richtungswinkel des senkrechten Durchmessers)

4) $\dfrac{y - y_1}{x - x_1} = -\dfrac{x_1 + x_2}{y_1 + y_2}$

wo x_1 und x_2 die Kreispunkte der Sehne.

Für die Tangente haben wir $d^2 = p^2$ wo p^2, die Potenz des Punktes P bezeichnet, und $|R| = |p|$. Hieraus: da $x_0 \cos\alpha + y_0 \sin\alpha = p\sqrt{1}$

1) durch keinen Punkt P gehen mehr als 2 Tangenten eines Kreises, der Kreis ist also eine Kurve 2. Klasse.

2) Die beiden Tangenten sind reell, wenn P ausserhalb des Kreises, fallen zusammen, wenn P auf dem Kreis, sind imaginär, wenn P innerhalb.

3) Da $\delta^2 = r^2$ weil beide $MP^2 - p^2$, so steht der Radius nach dem Berührungspunkte auf der Tangente senkrecht.

Hieraus ergiebt sich als Gleichung der Tangente im Punkte $x'y'$ des Kreises

5) $xx' + yy' - r^2 = 0.$

Für die Tangenten von P haben wir, da

$$\cos\alpha = \frac{(x - x_0)}{R} \text{ etc. } x_0(x - x_0) + y(y - y_0) = \pm pR$$

und da $\frac{1}{2}Rr$ der Inhalt des Dreiecks MPL (L laufender Punkt) also $\pm(x_0 y - y_0 x)\frac{1}{2}$

6) $r(x_0(x - x_0) + y_0(y - y_0)) = \pm p(x_0 y - y_0 x).$

Da, wenn man die Berührungspunkte durch x_1 und x_2 bezeichnet $x_0 x_1 + \ldots - r^2 = 0$ etc., so ist

$$\frac{y_1 - y_2}{x_1 - x_2} = -\frac{x_0}{y_0}$$

und daraus:

Der Durchmesser, der P mit dem Centrum verbindet, halbiert die Berührungssehne und steht auf ihr senkrecht und die Gleichung der Berührungssehne wird

7) $xx_1 + yy_1 - r^2 = 0,$

sie stimmt also der Form nach völlig mit der der Tangente in einem Punkte $(x_1|y_1)$ *des Kreises überein*, nur dass hier $(x_1|y_1)$ der beliebige Schnittpunkt der Tangenten ist. Geht man von der Form K_u aus, so geht 7) über in

$$(x - a)(x_1 - a) + (y - b)(y_1 - b) - r^2 = 0.$$

Wie aus dieser Uebereinstimmung die harmonischen Eigenschaften des Kreises sich sofort ergeben, findet sich in den §§ 45 etc.

§ 16. Kreis und Kreis; Kreisschar.

Seien $K_1 = 0$ und $K_2 = 0$ die Gleichungen 2. Kreise, ihre Kombination liefert die Koordinaten der Schnittpunkte; da beide K vom 2. Grade, so würde es 4 gemeinsame Lösungssysteme geben können; indessen ist das System $K_1 = 0$, $K_2 = 0$ identisch mit dem System $K_1 = 0$, $K_1 - K_2 = 0$, wie sofort klar; und die zweite Gleichung ist, da die quadratischen Glieder sich aufheben, linear, somit existieren nur 2 gemeinsame Lösungen. Diese können zusammenfallen und auch imaginär werden. Wenn x und y sehr gross werden, reduziert sich für jeden Kreis K die Form K auf die quadratischen Glieder.

$x^2 + y^2 + 2xy\cos w$, der Radius und der Mittelpunkt fallen ganz heraus, somit kann man sagen, dass allen Kreisen die Lösungen von $x^2 + y^2 + 2xy\cos w = 0$ bei Annahme von x (und y) als unendlich gross identisch sind. Man sagt daher oft: Alle Kreise haben dieselben beiden (imaginären) Punkte im Unendlichen gemeinsam. Sieht man von diesen ab, so bleiben nur 2 Schnittpunkte übrig, welche reell und getrennt, reell und zusammenfallend, getrennt und imaginär sind; je nachdem die Centrale zwischen Summe und Differenz der Radien, gleich Summe oder Differenz der Radien, grösser als die Summe oder kleiner als die Differenz der Radien ist.

Die Linie $S = K_1 - K_2 = 0$ geht in allen 3 Fällen durch die Schnittpunkte, und ist stets reell auch im 3. Falle, also ist die Schnittgerade reell, auch wenn die Schnittpunkte als sichtbare Punkte nicht existieren. Da längs S stets $K_1 = K_2$ ist, so heisst dies, jeder Punkt von S hat für beide Kreise die gleiche Potenz und umgekehrt, hat ein Punkt für beide gleiche Potenz, so ist für seine Koordinaten $K_1 = K_2$, also $K_1 - K_2 = 0$, d. h. der Punkt liegt auf S, die Schnittlinie ist also zugleich Potenzlinie beider Kreise. Ist P ein Punkt auf S und d_1 seine Entfernung von M_1 und d_2 von M_2, so ist, da $K_1 = d_1^2 - r_1^2$ und $K_2 = d_2^2 - r_2^2$ ist, $d_1^2 - r_1^2 = d_2^2 - r_2^2$ Da der Gegenpunkt P_1 von P in Bezug auf die Centrale oder Axe auch von M_1 und M_2 die Entfernungen d_1 und d_2 hat, so liegt auch P_1 auf S_1 und S steht auf der Axe senkrecht und teilt sie so, dass die Differenz der Quadrate der Abschnitte gleich der Differenz der Quadrate der Radien ist.

Seien $K_1 = 0$, $K_2 = 0$, $K_3 = 0$ die Gleichungen 3. Kreise, $S_1 = K_2 - K_3$; $S_2 = K_3 - K_1$; $S_3 = K_1 - K_2$, so ist $S_1 + S_2 + S_3 = 0$.

Also: Die 3 Potenz- oder Schnittlinien dreier Kreise schneiden sich stets in Einem Punkt.

Dieser Satz giebt ein einfaches Mittel, die Potenzlinie zweier sich nicht (in reellen Punkten) schneidender Kreise zu konstruieren.

Haben $K_1 = 0$ und $K_2 = 0$ die vorige Bedeutung, so stellt $K_1 + \lambda K_2$, wo λ eine beliebige Konstante einen dritten Kreis K_3 dar, wo $K_3 = \frac{K_1 + \lambda K_2}{1 + \lambda}$ ist, und da das Verschwinden zweier K auch von selbst dem dritten K den Wert 0 giebt, so schneiden sich die 3 Kreise in denselben reellen (oder imaginären) Punkten, sie haben daher auch stets dieselbe Potenzlinie, wie schon daraus folgt, dass für einen Punkt auf $S: K_1 = K_2$ und somit $K_3 = \frac{K_2 + K_2 \lambda}{1 + \lambda} = K_2$ ist. Jeder Punkt auf S hat also dieselbe Potenz in Bezug auf alle 3 Kreise, und allgemein in Bezug auf die ganze Kreisschar, welche durch die Schnittpunkte von K_1

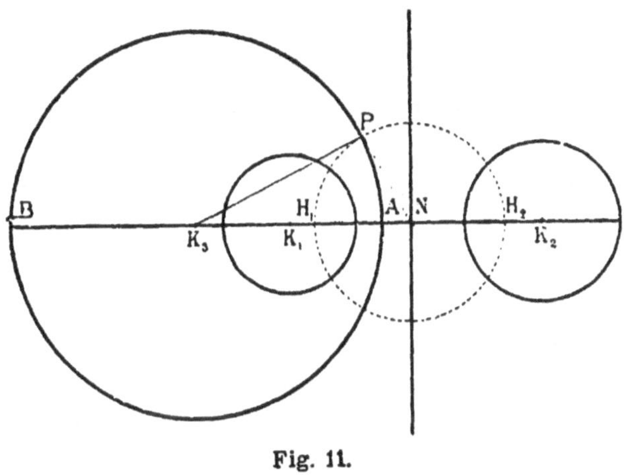

Fig. 11.

und K_2 hindurchgeht, die Potenzlinie S gehört selbst zur Schar, sie ist anzusehen als Kreis mit unendlich grossem Radius, entspricht dem Wert λ gleich -1. Der Punkt N, in welchem S die Axe schneidet, hat für alle Kreise der Schar die gleiche und die kleinste Potenz. Auch wenn die Kreise K_1 und K_2 sich nicht in reellen (sichtbaren) Punkten schneiden, lässt sich also durch ihre imaginären Schnittpunkte ein Kreis legen.

Man schlägt um N mit der Seite der Potenz (Fig. 11), die die Tangente von N an K_1 oder K_2, einen Kreis, zieht darin einen beliebigen Radius NP; die Senkrechte in P auf NP trifft die Centrale in K_3, der Kreis um K_3 mit K_3P gehört dann zur Schar von K_1 und K_2.

Der Kreis trifft die Axe K_1K_2 in den Punkten A und B, dann ist nach dem Potenzsatz:

$NP^2 = NH_1^2 = NA.\ NB$, d. h. $[ABH_1H_2]$ sind harmonische Punkte.

Da P beliebig auf dem Kreise N, so kann man zu H_1 und H_2 — den Hauptpunkten — unzählige Punktepaare wie A und B konstruieren, welche H_1 und H_2 harmonisch trennen. Umgekehrt, wenn zwei Punktepaare A_1B_1 und A_2B_2 auf einer Geraden gegeben sind, und zwar so, dass die Strecken A_1B_1 und A_2B_2 entweder ganz ineinander oder ganz auseinander liegen, kann man ein drittes Punktepaar H_1H_2 konstruieren, das zu beiden gegebenen Paaren harmonisch ist; da durch irgend zwei Kreise der Schar die Potenzlinie und damit N bestimmt ist.

Man sieht, dass die Hauptpunkte selbst zu den Kreisen der Schar gehören, es sind die mit den Radien 0, während die Potenzlinie (und die Unendlichferne) den Radius ∞ haben; das ganze System der Punkte AB bildet eine Involution, NH_1^2 heisst die Potenz der Involution (Kreisverwandtschaft).

§ 17. Inversion.

Lässt man die Axe NAB der Fig. 12 um den Punkt N rotieren, so ordnet sich jedem Punkt A der Ebene ein Punkt B zu, und diesem wieder A, es entsteht eine geometrische Verwandtschaft, gegründet auf die Gleichung: $NA \cdot NB = NP^2 = p^2$. Diese Verwandtschaft heisst Inversion oder Kreisverwandtschaft (Möbius), auch nach Lionville Transformation durch reciproke Radien (-Vektoren). Der Kreis um N mit NP oder p bleibt bei der Rotation unverändert, er heisst der Hauptkreis oder Inversator. Seine Punkte entsprechen sich selbst. — Auch die Kreise K_1, K_2, K_3 etc. entsprechen sich selbst, und damit alle Kreise, welche den Hauptkreis orthogonal schneiden.

Strahlen wie NAB heissen Inversionsstrahlen. Es gilt der Hauptsatz: Je zwei Punktepaare auf verschiedenen Inversionsstrahlen bestimmen ein Kreisviereck.

Der Punkt N, wir wollen ihn zum Ursprung wählen und Centrum oder Kern nennen und mit O bezeichnen, entspricht allen Unendlich fernen Punkten.

Sind A, A′ und B, B′ zwei Paar inverser Punkte, so ist Dreieck OAB invers ähnlich dem Dreieck OB′A′, d. h. also $\sphericalangle OAB = \sphericalangle OB'A'$. Ist C, C′ ein drittes Paar, so ist $\sphericalangle ACB = \sphericalangle A'C'B' \pm AOB$, d. h.:

Einem Kreise entspricht invers wieder ein Kreis.

Einer Geraden entspricht ein Kreis durch das Centrum über dem Durchmesser OF, wo F dem Fusspunkt F′ des von O auf die Gerade gefällten Lotes entspricht.

Man kann diese beiden Sätze auch rein analytisch beweisen. Ist $A\{x, y$ und OA gleich ϱ und OA' gleich ϱ' und $A'\{x', y'$, so ist

$$x:x'=y:y'=\varrho:\varrho' \text{ also:}$$

$$x=\frac{x'p^2}{\varrho'^2};\ y=\frac{y'p^2}{\varrho'^2};$$

wo $\varrho'^2=x'^2+y'^2$ ist.

Da die einem Kernkreis inverse Gerade der Tangente des Kreises im Kern parallel ist, so gilt der wichtige Satz:

Zwei beliebige Kurven schneiden sich in jedem gemeinsamen Punkte A unter demselben Winkel, wie ihre inversen Kurven im inversen Punkte A'.

Da Kurven, welche sich in A berühren, in A den Winkel O bilden, so berühren sich auch ihre inversen Kurven in A'.

Da unendlich kleine Kreisbogen von den (Linien-) Elementen ihrer Tangenten nicht unterschieden werden, so *entspricht jedem unendlich kleinen Dreieck ein ähnliches.*

Die Inversion ist daher eine *winkeltreue* (*konforme*, in den kleinsten Teilen ähnliche) Abbildung der Ebene auf sich selbst; sie ist die einzige gegenseitige konforme Abbildung, und die ähnliche Abbildung (in geändertem Massstab) kann auf zwei Inversionen desselben Punktes vom selben Kern aus ersetzt werden.

Zu der eben durchgeführten Inversion erster Art oder *äusserer*, bei der die Punktepaare auf demselben Strahl liegen, gesellt sich noch eine zweite Inversion, die innere oder entgegengesetzte, bei der die Punktpaare auf entgegengesetzten Strahlen liegen. Den Gegensatz in der Richtung der Strecken OA und OA′ deuten wir dadurch an, dass wir in diesem Falle $OA . OA' = -p^2$ setzen.

Unsere Sätze gelten für beide Arten von Inversion, nur dass der Inversator sich selbst in der Weise entspricht, dass zu jedem Punkt sein diametraler gehört.

VI. Abschnitt.

Die Kegelschnitte.

§ 18. Die Kegelschnitte als Kurven 2. Grades und 2. Klasse.

Es werde der Ort der Punkte bestimmt, welche von einem gegebenen Punkt F, Focus oder Brennpunkt genannt, und einer festen Geraden L, der Leitlinie (Directrix), Abstände haben, deren Verhältnis, ohne Rücksicht auf das Zeichen, konstant und gleich der Zahl e ist. Die Zahl e heisst numerische Excentricität.

Sei $F\{(a|b)$ und $L\{(u_0|v_0)$ in Bezug auf rechtwinklige Axen. Dann ist (Fig. 12) $\pm e PA = PF$ oder $PF^2 = e^2 PA^2$.

Werden PF^2 und PA^2 durch ihre Formeln aus § 3 und § 12 ausgedrückt, so ergiebt sich sofort

$$1)\quad (x-a)^2 + (y-b)^2 = \frac{e^2}{u_0^2 + v_0^2}(u_0 x + v_0 y - 1)^2.$$

Die Gleichung 1) ist 2. Grades, sie umschliesst 3 der Art nach verschiedene Kurven, je nachdem $e < 1$

oder $=1$, oder >1 ist; die betreffenden Kurven heissen Ellipse, Parabel, Hyperbel; gemeinsam: Kegelschnitte. Als specielle Fälle umschliessen sie den Kreis, wenn $e=0$, und u_0, sowie v_0 auch gleich 0, d. h. die Leitlinie die unendlich ferne Gerade ist, und ausserdem $e^2:(u_0^2+v_0^2)=r^2$ gesetzt wird; ferner zwei verschiedene Gerade, oder auch Eine (doppelte) Gerade, da eine Form 2. Grades ja auch das Produkt zweier, verschiedener oder gleicher, linearer Faktoren sein kann. Die Parabel ist ein Grenzfall der Ellipsen wie der Hyperbeln, sie ist Ellipse mit der grössten, Hyperbel mit der kleinsten Excentricität. Dass wir es hier mit 3 wohl definierten Arten zu thun haben, geht aus dem Verhalten der Kurven im Unendlichen hervor. Wir erhalten die unendlich fernen Elemente oder Punkte der Kurven, wenn wir nur die Glieder 2. Dimension in 1) beibehalten, da sowohl die Konstanten als auch die ersten Potenzen von x bezw. y, gegen x^2, xy, y^2 verschwinden, sobald x und y über jedes Mass gross sind. Wir erhalten dann, wenn zur Abkürzung $(u_0^2+v_0^2):e^2$ fortab mit γ bezeichnet wird:

$$1^a)\quad x^2(\gamma-u_0^2)+y^2(\gamma-v_0^2)-2u_0v_0xy=0.$$

Zieht man x^2 vor die Klammer und benennt $y:x$ mit z, so giebt 1^a) eine quadratische Gleichung für z, welche (Schubert, Arithmetik S. 113) zwei reelle Lösungen, eine, keine, hat, je nachdem $u_0^2v_0^2 >=< (\gamma-u_0^2)(\gamma-v_0^2)$ ist, d. h. also je nachdem $e>1$, $=1$, <1 ist. Die Hyperbel hat also 2 Punkte im Unendlichen, bei der Parabel fallen die beiden unendlich fernen Punkte zusammen, die Ellipsen (also auch der Kreis) haben keinen (sichtbaren oder reellen) Punkt in grenzenloser Ferne, es sind geschlossene Kurven.

Die Gleichung 1) enthält 5 Konstanten: e, u_0, v_0, a, b, die allgemeine Gleichung 2. Grades:

1ª) $a_{00}x^2+2a_{01}xy+a_{11}y^2+2a_{02}x+2a_{12}y+a_{22}=0$

enthält deren 6; da aber nicht alle 3 ersten Koeffizienten zugleich verschwinden dürfen, ist es gestattet (§ 4 Multiplikation mit einem konstanten Faktor)

1ᵇ) $a_{01}^2=(1-a_{00})(1-a_{11})$ zu setzen, dann lassen sich die 5 Konstanten der Form 1 durch die 6 Grössen der Form 1ª ausdrücken. Wir haben, wenn $e^2:(u_0^2+v_0^2)$ gleich p gesetzt wird:

$$a_{00}=1-pu_0^2;\ a_{11}=1-pv_0^2;\ a_{01}=-pu_0v_0$$
$$a_{02}=-a+pu_0;\ a_{12}=-b+pv_0;\ a_{22}=a^2+b^2-p.$$

Es ergiebt sich sofort:

a) $e^2=1-a_{00}+1-a_{11}$

b) $\frac{u_0}{v_0}=-\frac{a_{01}}{1-a_{11}}=-\frac{1-a_{00}}{a_{01}}.$

Setzt man $u_0=\lambda a_{01}$; $v_0=-\lambda(1-a_{11})$, so ist:

c) $p=\frac{1}{\lambda^2(1-a_{11})}$; $u_0^2+v_0^2=e^2\lambda^2(1-a_{11})$

d) $a+a_{02}=pu_0$; $b+a_{12}=pv_0$

e) $\lambda^2(1-a_{11})(a_{22}-a_{02}^2-a_{12}^2)+2\lambda(a_{01}a_{02}+a_{11}a_{12}$
$-a_{12})-(e^2-1)=0.$

Die Gleichung e) ist quadratisch, sie liefert im allgemeinen zwei verschiedene Werte für λ; λ_1 und λ_2; und damit zwei Wertsysteme u_0, v_0 und zwei desgl. a, b, d. h. die Kurve 1 hat i. A. zwei Leitlinien und zwei Brennpunkte.

Da $\frac{u'_0}{v'_0}=\frac{u''_0}{v''_0}$ so haben beide Leitlinien denselben

Richtungsfaktor, d. h. die beiden Leitlinien sind parallel.

Da $$\frac{a'+a_{02}}{b'+a_{12}}=\frac{u_0}{v_0}=\frac{a''+a_{02}}{b''+a_{12}}=\frac{a'-a''}{b'-b''}$$

so steht die Verbindungslinie der beiden Brennpunkte auf den Leitlinien senkrecht.

Die Gleichung e) giebt noch zu einigen Bemerkungen Veranlassung: 1) ist $e=1$, so ist ein Wert des $\lambda=0$, u_0 und v_0 sind 0, die eine Leitlinie ist die Unendlich ferne Gerade, die Parabel hat also nur eine Leitlinie im Endlichen, sowie einen Brennpunkt im Endlichen.

2) Ist $a_{22}-a_{02}^2-a_{12}^2=0$, so ist eine Lösung $\lambda=\infty$, (Vgl. § 21). Die eine Leitlinie geht durch den Nullpunkt.

Ist $1-a_{11}=0$, so ist auch a_{01} nach $1^b)=0$ und es verschwindet auch der Koeffizient von λ^2. Ist dann e^2 nicht gleich 1, so sinde beide Lösungen von λ unendlich, $u_0:v_0$ wird $0:0$ also unbestimmt, und da $\lambda^2(1-a_{11})$ als endlich anzusehen, so sind u_0 und v_0 gleich 0 zu setzen, es muss auch $1-a_{00}=0$ sein, also auch $e=0$, und die Kurve ist ein Kreis. Ist $e=1$, so verschwindet die Gleichung e) völlig, dann ist $u_0:v_0=-(1-a_{00}):a_{01}$ unendlich, da a_{00} gleich 0 und die Form $1^a)$ ist $y^2+2a_{02}x+2a_{12}y+a_{22}$ und stellt eine Parabel dar, deren Leitlinie senkrecht auf der x-Axe.

Es erhellt somit:

Die Kurven 2. Grades sind mit den Kegelschnitten identisch.

Eine Gleichung 2. Grades und eine lineare haben höchstens 2 gemeinsame Lösungen, also:

Ein Kegelschnitt wird von einer Geraden höchstens in 2 Punkten geschnitten.

Sobald also mehr als 2 Punkte einer Kurve 2. Grades auf einer Geraden liegen, muss diese Gerade ganz auf der Kurve 2. Grades liegen, d. h. der Kegelschnitt zerfällt in ein Paar gerader Linien, diese sogen. uneigentlichen Kurven 2. Grades schliessen wir hier aus.

Man sagt auch: Ein Kegelschnitt wird von einer Geraden stets in 2 Punkten geschnitten, die entweder beide reell und verschieden sind, oder in einen (doppelt gezählten) zusammenfallen und dann heisst die Gerade eine Tangente, oder unsichtbar (imaginär) sind, je nachdem die quadratische Gleichung, welche sich durch Elimination von y bezw. x zwischen den Gleichungen der Kurve und der Geraden ergiebt, für x bezw. y zwei reelle Lösungen, eine oder keine hat.

Den Kurven 2. Grades (2. Ordnung) entsprechen dual (S. 47) die Kurven 2. Klasse, d. h. solche, deren Gleichung in Linienkoordinaten vom 2. Grade in u und v zusammen ist, wie z. B. der Kreis, so dass also durch jeden Punkt nicht mehr wie 2 Tangenten der Kurve gehen bezw. genau 2, wenn wir zusammenfallende doppelt und imaginäre Lösungen mitzählen.

Fragt man, welche Eigenschaft der Geraden als Tangenten dual der fundamentalen der Punkte der Kegelschnitte entspricht, so sieht man leicht, wenn L wieder die Leitlinie, F den Focus bezeichnet, und S der Schnittpunkt der beliebigen Tangente t mit L ist,

(Fig. 13), die Tangente t muss den Winkel zwischen L und SF nach konstantem Teilungsverhältnis teilen.

Sei $t\{(u|v)$, dann ist der Schnitt S von L und t bestimmt durch $S\{(\xi|\eta)$ wo $\xi = \frac{v - v_0}{\lambda}$; $\eta = \frac{u_0 - u}{\lambda}$ und $\lambda = u_0 v - v_0 u$ (cf. § 12, 8).

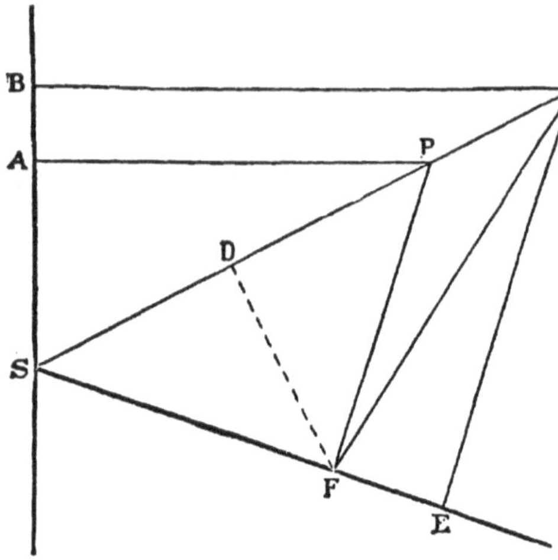

Fig. 12.

Nach § 12, 9 ist $\sin^2(L\,t) = \frac{\lambda^2}{(u_0^2 + v_0^2)(u^2 + v^2)}$

$$\sin^2(t, SF) = \frac{FD^2}{SF^2};\ FD^2 = \frac{(ua + vb - 1)^2}{u^2 + v^2}$$

$SF^2 = (\xi - a)^2 + (\eta - b)^2$; somit geht die Gleichung

$$\sin^2(t, SF) = e^2 \sin^2(L\,t) \text{ oder}$$

$$\frac{\lambda^2}{u^2 + v^2}[(\xi - a)^2 + (\eta - b)^2] = \lambda \frac{(ua + vb - 1)^2}{u^2 + v^2}$$

nach Multiplikation mit $(u^2 + v^2)$ über in

2) $(v - v_0 - a\lambda)^2 + (u_0 - u - b\lambda)^2 = (ua + vb - 1)^2 \gamma.$

Die Gleichung 2) enthält 5 Konstanten, und ist daher mit der allgemeinen Gleichung 2. Klasse identifizierbar.

Es soll nun gezeigt werden, dass die Kurven 2. Grades mit denen 2. Klasse zusammenfallen.

Sei $P\{(x|y)$ ein Punkt der Kurve $C\{$ Gleichung 1) und $g\{ux+vy-1=0$ (oder $g\{(u|v))$ eine Gerade durch P. Eliminiert man zwischen 1) und der Gleichung für g die Grösse y, so erhält man für die Schnittpunkte von C und g

$$3)\quad x^2[\lambda^2-\gamma(u^2+v^2)]+2x[\lambda(v_0-v)+\gamma v(av-ub) \\ +\gamma u]+(v_0-v)^2-\gamma[v^2(a^2+b^2)-2vb+1],$$

wo λ und γ die alte Bedeutung haben. Entsprechend ist die Gleichung für y, nur dass u mit v, a mit b vertauscht wird, wobei λ in $-\lambda$ übergeht; 3) ist eine quadratische Gleichung, welche 2 Lösungen für x giebt, zu denen dann g das zugehörige y liefert. Giebt man 3) die Form: $x^2\varrho+2\sigma x+\tau=0$, so ist (Schubert, Arithmetik S. 113): $\sigma^2-\varrho\tau>0$ die Bedingung dafür, dass 3) zwei reelle Lösungen hat, dass also g die Kurve C wirklich schneidet; ist $\sigma^2-\varrho\tau=0$, so fallen beide Lösungen in eine zusammen, die Gerade $g\{(u|v)$ ist eine Tangente der Kurve C; und is $\sigma^2-\varrho\tau<0$, so sind beide x imaginär, die Gerade g hat mit der Kurve C keinen (sichtbaren) Punkt gemeinsam. Die Tangente stellt also den Uebergang von den schneidenden zu den nichtschneidenden Geraden dar. Davon durchaus verschieden sind die Geraden, für welche $\varrho=0$ ist, wenn solche existieren; sie haben zwar auch nur Einen Punkt mit der Kurve gemeinsam, aber sie bilden keine solche Grenze; man kann, wie bei der Parabel noch näher ausgeführt wird, annehmen, dass sie von der Kurve im Unendlichen geschnitten werden, da $x=\infty$, wenn $\varrho=0$ der Gleichung 3 formal genügt. Da ϱ proportional $e^2 \sin^2 w-1$ ist, wenn w der Winkel zwischen L und g, so heisst $\varrho=0: \sin w=\pm\frac{1}{e}$, also nur, wenn $e>1$, d. h. also bei der Hyperbel, giebt es zwei Scharen von Geraden, bestimmt durch $\sin w=\pm\frac{1}{e}$, welche die Kurve im Endlichen nur in Einem Punkt schneiden; unter ihnen sind zwei, welche selbst den Charakter von Tangenten haben, die beiden, für welche auch $\frac{\sigma}{(u^2+v^2)(u_0{}^2+v_0{}^2)}=0$ ist, und von denen man sagen kann, dass sie die Kurve im Unendlichen berühren; sie heissen: Asymptoten.

Damit also die Gerade $(u|v)$ Tangente sei, muss $\sigma^2-\varrho\tau=0$ sein; man sieht sofort, dass $\lambda^2(v_0-v)^2$ sowohl in σ^2 als in $\varrho\tau$ vorkommt, also herausfällt, und der Ausdruck sich dann durch γ dividieren lässt; die Glieder, welche dann noch γ enthalten, geben zusammengefasst sofort $\gamma(ua+vb-1)^2$, die übrigen, wenn man geschickt zusammenzieht, z. B. $2\lambda^2 vb$ mit $2\lambda vbu(v_0-v)$, fast ebenso mühelos die linke Seite von 2), also: Die Gleichung 2 ist die Gleichung der Kegelschnitte in Linienkoordinaten, oder auch: Die Kurven 2. Grades sind Kurven 2. Klasse. Bei der fast völligen Symmetrie der Gleichungen 1) und 2), sowie der der Geraden und des Punktes beweist man ganz ebenso umgekehrt: Die Kurven 2. Klasse sind Kurven 2. Grades, also: Die Kegelschnitte sind die einzigen Kurven 2. Grades und 2. Klasse.

§ 19. Die Gleichung der Tangente und der Berührungssehne.

Die fundamentale Eigenschaft der Tangente: den Winkel zwischen ihrem Brennstrahl auf der Leitlinie und dieser selbst in konstantem Verhältnis zu teilen — führt sofort zu dem Satz:

Der Brennstrahl nach dem Berührungspunkt steht auf dem Brennstrahl nach dem Leitlinienpunkt der Tangente senkrecht (oder: das Stück der Tangente zwischen Kurve und Leitlinie erscheint vom Brennpunkt aus unter rechtem Winkel).

Es ist nämlich (Fig. 12) $PF = ePA$ nach 1) und das Loth von P auf SF nach 2) auch gleich $ePA = PF$. Der Satz ergiebt eine sehr einfache Konstruktion der Tangente, wenn P, L und F gegeben sind. Ferner:

Die Leitlinie, SF, und die beiden Tangenten von S an die Kurve bilden ein harmonisches Büschel.

Ist S, der Schnittpunkt zweier Tangenten, nicht auf L, und wird L von der Tangente SP_1 (Fig. 13) in S_1 und von der Tangente SP_2 in S_2 geschnitten, so folgt aus 2) sofort, dass S von S_1F und S_2F gleichen Abstand hat, und somit auf der Linie liegt, welche den Winkel S_1FS_2 halbiert, da nun, wie eben gezeigt, S_1FP_1 und S_2FP_2 rechte Winkel sind, also gleich, so folgt:

Der Brennstrahl nach dem Schnittpunkt zweier Tangenten halbiert den Winkel zwischen den Brennstrahlen nach den Berührungspunkten, oder auch: der Schnittpunkt hat von den Berührungsbrennstrahlen gleichen Abstand.

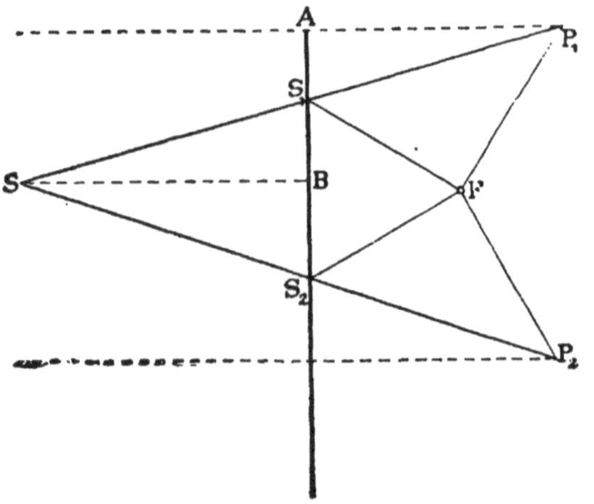

Fig. 13.

Seien u und v die Koordinaten einer Tangente, x_1 und y_1 die des Berührungspunktes, so dass also u und v der Gleichung 2) genügen, so geht 3) nach Multiplikation mit ϱ, weil $\sigma^2 = \varrho\tau$ ist, über in $(x\varrho + \sigma)^2 = 0$ also ist $x_1\varrho + \sigma = 0$; da ϱ in u_0, v_0; u, v symmetrisch, so ist $y_1\varrho + \sigma^1 = 0$, wo σ^1 aus σ durch Tausch von u_0 mit v_0, u mit v, a und b hervorgeht, also

$$4)\quad x_1 = -\frac{[\lambda(v_0 - v) + \gamma v(av - ub) + \gamma u]}{\lambda^2 - \gamma(u^2 + v^2)}$$

$$y_1 = -\frac{[-\lambda(u_0 - u) + \gamma u(bu - av) + \gamma v]}{\lambda^2 - \gamma(u^2 + v^2)};$$

hiermit sind x_1 und y_1 durch u und v ausgedrückt. Beachtet man, dass nach: 4[a]) $x_1 u + y_1 v - 1 = 0$ ist, so ist

$$5) -\frac{u}{v} = \frac{-u_0 \gamma^{-1} q(x_1|y_1) + (x_1 - a)}{v_0 \gamma^{-1} q(x_1|y_1) - (y_1 - b)} = -\frac{z}{n}$$

wo $q(x|y)$ oder $q(xy) = u_0 x + v_0 y - 1$ ist. Also ist $u = zf$, $v = nf$, wo f durch 4[a]) bestimmt wird. Da $-\frac{u}{v}$ der Richtungsfaktor der Tangente, so ist ihre Gleichung

$$y - y_1 = \frac{-z}{n}(x - x_1) \text{ oder}$$

$$\gamma^{-2} q(x_1|y_1)\, q(x|y) - (x_1 - a)(x - a) - (y_1 - b)(y - b) =$$
$$\gamma^{-2} q(x_1|y_1)\, q(x_1|y_1) - (x_1 - a)(x_1 - a) - (y_1 - b)(y_1 - b)$$

Die rechte Seite ist aber nichts anderes als die auf 0 gebrachte Gleichung 1) der Kurve, also ist die Gleichung der Tangente

$$6) \quad \frac{e^2}{u_0^2 + v_0^2}(x_1 u_0 + y_1 v - 1)(x u_0 + y v_0 - 1) =$$
$$(x_1 - a)(x - a) + (y_1 - b)(y - b)$$

Die Gleichung der Tangente wird erhalten, wenn man in der des Berührungspunktes die Quadrate in ihre Faktoren auflöst, und in dem einen Faktor statt der Koordinaten des Berührungspunktes die des laufenden Punktes der Tangenten einsetzt.

Das Resultat lässt sich ohne Rechnung ableiten. Es ist PF.QF cos PFQ der rechten Seite von 6)

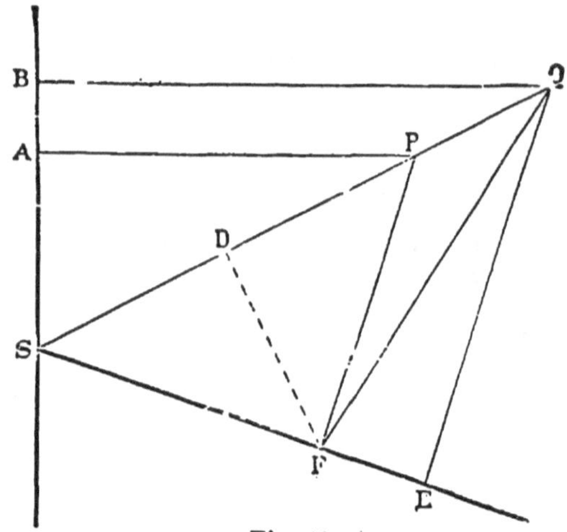

Fig. 12.

gleich (Fig. 12) aber nach 1) ist $PF = e\,PA$, und nach 2) ist $QF \cos PFQ = QE = e\,QB$, somit 6) erwiesen.

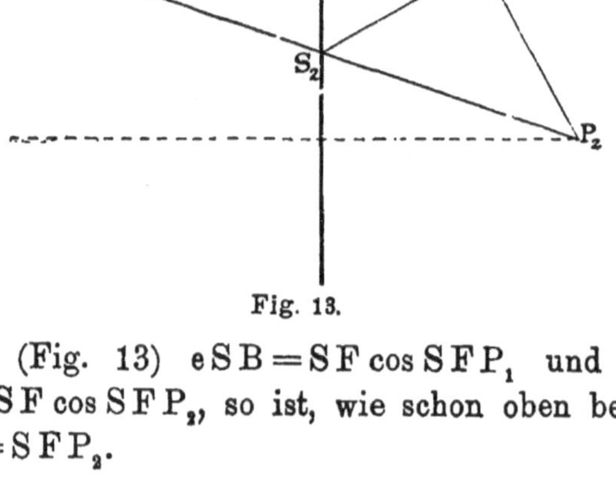

Fig. 13.

Da (Fig. 13) $e\,SB = SF \cos SFP_1$ und ebenso $e\,SB = SF \cos SFP_2$, so ist, wie schon oben bewiesen, $SFP_1 = SFP_2$.

Ist P $\{(\xi \mid \eta)$ ein beliebiger Punkt, und sollen von ihm aus an die Kurve 1) die Tangenten gelegt werden, so hat man die Gleichung des Punktes: $\xi u + \eta v - 1 = 0$ mit der der Kurve in Linienkoordinaten zu kombinieren, also mit 2), daraus berechnen sich die beiden Lösungen $u_1 v_1$ und $u_2 v_2$, mittelst deren durch 4ᵃ) die Koordinaten der Berührungspunkte $x_1 y_1$ und $x_2 y_2$ bestimmt werden. Man kann auch in 6) x und y durch ξ und η ersetzen und 6) mit 1) kombinieren, um direkt $x_1 y_1$ und $x_2 y_2$ zu finden. Durch diese ist dann die Gleichung der Berührungssehne (Chordale) bestimmt, aber sie lässt sich direkt ableiten. Es gilt 6) sowohl für die Tangente $u_1 v_1$ in A $\{(x_1 y_1)$, als für die in B $\{(x_2 \mid y_2)$. Durch Subtraktion erhält man für den Richtungsfaktor τ von AB

$$\frac{y_2 - y_1}{x_2 - x_1} = -\frac{q(\xi\eta)\, u_0 - \gamma(\xi - a)}{q(\xi\eta)\, v_0 - \gamma(\eta - b)} = \tau = -\frac{z}{n}.$$

Also ist die Gleichung von AB

$$y - y_1 = \tau(x - x_1) \text{ oder } xz + yn = x_1 z + y_1 n$$

oder, wenn man Identisches auf beiden Seiten hinzufügt

$$q(\xi\eta)(xu + yv - 1) - \gamma[(x-a)(\xi-a) + (y-b)(\eta-b)]$$
$$= q(\xi\eta)(x_1 + y_1 v - 1) - \gamma[(x_1 - a)(\xi - a) + (y_1 - b)(\eta - b)].$$

Die rechte Seite ist aber nach 6) = 0, somit die Gleichung der Berührungssehne (Chordale)

$$7) \quad \frac{e^2}{u_0^2 + v_0^2}(xu_0 + yv_0 - 1)(\xi u_0 + v_0 \eta - 1) = (x-a)(\xi-a) + (y-b)(\eta-b)$$

d. h. **also die Gleichung der Berührungssehne ist dieselbe wie die der Tangente, nur dass statt der Koordinaten des Berührungspunktes die des Schnittpunktes P der Tangenten eintreten.**

§ 20. Pol und Polare.

Man bezeichnet den Punkt P, den Schnittpunkt der Tangenten, als den Pol der Sehne A B, und die Sehne A B als die Polare des Punktes P. Die Gleichung 7) wird als Gleichung der Polare gewöhnlich auf 0 gebracht, sie ist 1) völlig unabhängig davon, ob die Lösungen $u_1 v_1$ und $u_2 v_2$ reell sind oder nicht, sie geht in die der Tangente über, sobald $(\xi | \eta)$ ein Punkt der Kurve; die Polare existiert also immer, als reelle Gerade, gleichgiltig, ob sich von P die Tangenten ziehen lassen oder nicht, d. h. ob $PA < PF$ oder $> PF$, ob P ausserhalb der Kurve oder innerhalb liegt, sie fällt mit der Tangente zusammen im Grenzfall, wo P auf der Kurve. 2) Gleichung 7) ist symmetrisch in Bezug auf $\xi \eta$ und $(x y)$. Wir haben den wichtigen Satz:

Liegt ein Punkt Q auf der Polare von P, so geht die Polare von Q durch P. Oder: Dreht sich eine Gerade um einen festen Punkt P, so bewegt sich ihr Pol P auf einer Geraden, der Polaren von P.

Wir haben dadurch ein Mittel, um jedem Punkte dual eine bestimmte Gerade zuzuordnen: seine Polare in Bezug auf einen beliebigen Kegelschnitt als Grund- oder Polarisationskurve; jeder Kurve n. Grades, d. h. deren Gleichung in x und y zusammen vom n. Grade, oder was dasselbe ist, jeder Kurve, die von einer Geraden in n Punkten (reell oder imaginär) geschnitten wird, entspricht eine Kurve n. Klasse, d. h. solche, bei der durch jeden Punkt n Tangenten gehen.

Den Kegelschnitten, und nur diesen, entsprechen wieder Kegelschnitte, die Grundkurve entspricht sich selbst; zu jedem Satz, der aussagt, dass p Gerade sich in Einem Punkt schneiden, gehört sofort dual der Satz, dass p Punkte, die Pole jener Geraden, auf einer Geraden, der Polaren jenes Punktes, liegen und v. v.

Die linke Seite der Gleichungen der Polaren und der Tangente verschwindet für alle Punkte A der Leitlinie L, die rechte ist dem Kosinus des Winkels zwischen den Brennstrahlen nach dem Pol und nach dem beliebigen Punkt $(x \mid y)$ proportional, somit ist Satz 1 des § 18 S. 77 durch Rechnung bewiesen und zugleich seine Erweiterung:

Der Brennstrahl nach dem Pol steht auf dem Brennstrahl nach dem Leitlinienpunkt der Polaren senkrecht und ferner:

Wenn der Pol auf L liegt, geht die Polare durch F, d. h. der Brennpunkt ist Pol der zugehörigen Leitlinie.

Die Analogie mit dem Kreis führt auf die harmonischen Eigenschaften der Polare.

Sei P $\{(\xi \mid \eta)$ der Pol, g$\{$ $(u \mid v)$ eine beliebige seiner Geraden und schneide die Kurve 1) in den Punkten C $\{(x_1 \mid y_1)$ und D$\{$ $(x_2 \mid y_2)$ reell oder imaginär, alsdann gilt für die Koordinaten des Schnittpunktes die quadratische Gleichung 3), und es ist wieder $x^2 \varrho + 2 x \sigma + \tau = 0$, also: (Schubert S. 113)

$$x_1 + x_2 = -2 \sigma : \varrho; \; x_1 x_2 = \tau : \varrho$$

Fragt man nach dem Punkt Q $\{(\xi_1 | \eta_1)$, der mit P die Punkte C und D harmonisch trennt, so ist nach § 3. S. 19

$$(x_1 + x_2)(\xi + \xi_1) = 2(x_1 x_2 + \xi \xi_1)$$

oder

$$7^a)\quad \xi \xi^1 \varrho + (\xi + \xi_1)\sigma + \tau = 0$$

wo nach 3): $\varrho = \lambda^2 - \gamma(u^2 + v^2)$; $\sigma = \lambda(v_0 - v) + \gamma v^2 a - \gamma u(vb - 1)$; $\tau = (v_0 - v)^2 - \gamma v^2 a^2 - \gamma(vb - 1)^2$, also geht 7a) über in

$$7^b)\quad (\xi\lambda + v_0 - v)(\xi_1 \lambda + v_0 - v) = \gamma\,[v^2(\xi - a)(\xi_1 - a) + (\xi u + vb - 1)(\xi_1 u + vb - 1)].$$

Da $\lambda = u_0 v - v_0 u$ und (durch g) sowohl $\xi u - 1 = -\eta v$ als $\xi_1 u - 1 = -\eta_1 v$, so haben wir

$$7^c)\quad v^2(\xi u_0 + \eta v_0 - 1)(\xi_1 u_0 + \eta_1 v_0 - 1) = v^2 \gamma\,[(\xi_1 - a)(\xi_1 - a) + (\eta - b)(\eta_1 - b)]$$

woraus nach (erlaubter) Division mit v^2 wieder:

$$7)\quad q(\xi\eta)\,q(\xi_1 \eta_1) = \gamma\,[(\xi - a)(\xi_1 - a) + (\eta - b)(\eta_1 - b)]$$

d. i. aber die Gleichung der Polaren. Damit ist der Hauptsatz der Kegelschnittslehre erwiesen:

Die Kegelschnittspunkte einer beliebigen Sehne werden durch einen Pol auf der Sehne und seine Polare **harmonisch** getrennt.

Der Satz gilt völlig allgemein, gleichgültig, ob der Pol innen oder aussen, ob die sich um den Pol drehende Sehne die Kurve K schneidet, berührt, oder nicht schneidet (d. h. die gemeinsamen Lösungen der Gleichungen 1) und der Sehne imaginär sind). —

Wir haben in diesem Satz ein Mittel, um von einem Punkt P (ausserhalb) die Tangenten an K zu ziehen und zwar mit alleiniger Hilfe des Lineals. Man hat nur nötig (Abschnitt 1 § 8), die Figur des vollständigen Vierseits herzustellen. Man zieht also von P die beiden Sekanten P 1, 2, P 3, 4, wo 1, 2, 3, 4 Punkte der Kurve sind, zieht 1, 3 und 2, 4, schneiden sich in Q, und 1, 4 und 2, 3 schneiden sich in R, so ist RQ die Polare von P. Verbindet man die Punkte A und C, in denen RQ die Kurve K schneidet, mit P, so sind PA und PC die Tangenten.

Die Punkte PQR bilden ein sogen. Tripel, da PQ die Polare von R und PR die Polare von Q ist, das Dreieck PQR entspricht sich also bei Polarisation durch die Kurve K selbst. Zieht man von Q eine Tangente an die Kurve, so liegt also der Berührungspunkt auf PR; Wir haben die Sätze:

Das Stück jeder dritten Tangente zwischen zwei festen Tangenten wird durch den eignen Berührungspunkt und die Polare des Schnittpunkts der festen Tangenten harmonisch geteilt, und

In jedem Tangentendreieck schneiden sich die Ecktransversalen nach den gegenüberliegenden Berührungspunkten in Einem Punkt und liegen die 3 Schnittpunkte der Tangenten mit den nicht zugehörigen Polaren in Einer Geraden. Ebenso einfach ergiebt sich aus der harmonischen Eigenschaft des vollständigen Vierseits der Satz:

Die Diagonalen des einem Kegelschnitt eingeschriebenen Vierecks und die des zugehörigen umgeschriebenen Vierecks schneiden sich in Einem Punkt. (Die Seiten des Einen sind Polaren zu den Ecken des anderen Vierecks.)

§ 21. Sehnenschar und Durchmesser in Konjunktion.

Rückt der Pol P ins Unendliche, d. h. werden die Geraden, die auf ihm liegen, parallel, so rückt der zu ihm harmonische auf jeder Sehne in die Mitte der Sehne, also:

Die Mitten aller parallelen Sehnen liegen auf Einer Geraden, der Polaren des in der Richtung der Sehnenschar unendlich fernen Punkts.

Polaren, deren Pol unendlich fern, heissen Durchmesser. Der einzelne heisst der Sehnenschar, die er halbiert, *konjugiert* (zugeordnet).

Der Durchmesser selbst schneidet die Kurve in zwei (reellen oder imaginären) Punkten; die Tangenten in diesen Punkten gehören mit zu seiner Sehnenschar, es sind also die Tangenten zu je zwei parallel, und es ist jetzt leicht, eine Tangente von gegebener Richtung zu konstruieren.

Dieselbe Konstruktion, welche zum Pol P die Polare liefert, giebt auch den zur Sehnenschar konjugierten Durchmesser, nur sind 12 und 34 parallel; also:

Die Verbindungsgeraden der Endpunkte paralleler Sehnen schneiden sich auf dem konjugierten Durchmesser und:

Die Tangenten in den Endpunkten einer Sehne schneiden sich auf dem konjugierten Durchmesser.

Der Schnitt m zweier Durchmesser ist harmonisch zu zwei Punkten im Unendlichen, also liegt seine Polare ganz im Unendlichen; es ist eine unendlich ferne Gerade, deren Koordinaten $u = 0$ $v = 0$ sind, und da wir generaliter völlige Aequivalenz zwischen der Geraden und ihren Koordinaten haben, so müssen wir auch zu $u = 0$ $v = 0$ nur Eine Gerade zuordnen, somit ist die Polare von M die unendlich ferne Gerade, und da sie jeden Durchmesser im Unendlichen schneidet, so muss M die Mitte aller Durchmesser sein.

Der Punkt M ist also der Mittelpunkt oder das Centrum des Kegelschnitts, d. h. ein Punkt, welcher jede durch ihn gehende Sehne halbiert; M kann auch ins Unendliche rücken oder, was dasselbe ist, die Durchmesser können parallel sein. Da es zu jeder, also auch zur unendlich fernen Geraden, nur Einen Pol giebt, so giebt es auch nur Ein Centrum. Wir wollen nun diese Resultate durch die Rechnung bestätigen.

Es sei P $\{$ $(\xi|\eta)$ ein unendlich ferner Punkt, d. h. also ξ und η oder doch eins von beiden über jedes Mass gross, alsdann ist sicher entweder $1:\xi$ oder $1:\eta = 0$ und die Gleichung des Punktes P ist: $u\xi + v\eta = 0$ d. h. $-\frac{u}{v} = \frac{\eta}{\xi}$, der Richtungsfaktor aller Geraden durch P ist konstant, die Geraden von P sind parallel, wie an und für sich klar. Es geht dann 7) über in:

8) $\lambda q(x|y) = \gamma[(x-a)v-(y-b)u]$

wo λ wieder $u_0 v - v_0 u$ ist: Da 8) in x und y linear, so ist 8) $\{$ einer Geraden π, 8) hängt aber nur von $u:v$ ab, und bleibt daher für alle parallelen Geraden, oder w. d. s., für alle Geraden von P, ungeändert. Ist G $\{$ $(u|v)$ eine bestimmte von ihnen, welche die Kurve K in $(x_1 y_1)$ und $(x_2 y_2)$ schneidet, so ist ihr Richtungsfaktor $\frac{-u}{v} = \frac{y_2-y_1}{x_2-x_1}$ d. h. es ist erlaubt, in 8) für u zu setzen y_2-y_1 und für $v - (x_2-x_1)$. Weil aber $(x_1|y_1)$ und $(x_2|y_2)$ die Gleichung 1 der Kurve erfüllen, so wird 8) erfüllt, wenn $2x = x_1 + x_2$; $2y = y_1 + y_2$ gesetzt wird, d. h. die Gerade 8, die Polare π von P, geht durch die Mitte jeder Geraden von P d. h. sie halbiert die Schaar paralleler Sehnen, deren Richtungsfaktor $-u:v$ ist.

Sei jetzt π^1 konjugiert zu $(-u^1:v^1)$ ein zweiter Durchmesser, so ist für den Schnittpunkt M sowohl $\pi = 0$ als $\pi^1 = 0$ und somit

$$8^a)\quad \frac{\lambda}{\lambda^1} = \frac{(x-a)v-(y-b)u}{(x-a)v^1-(y-b)u^1} = \frac{u_0 v - v_0 u}{u_0 v^1 - v_0 u^1} \text{ d. h.}$$

aber $\frac{x-a}{y-b} = \frac{u_0}{v_0}$ oder $(x-a) = \vartheta . u_0$; $(y-b) = \vartheta v_0$ folglich ergiebt 8) für die Bestimmung von ϑ, da

$$\vartheta = [(x-a)v-(y-b)u]:\lambda \text{ ist:}$$

$$q(x|y) = \vartheta(u_0^2 + v_0^2) - 1 + au_0 + v_0 b = \gamma\vartheta;\ \text{d. h.}$$

$$8^b)\quad \vartheta = \frac{-e^2(u_0 a + v_0 b - 1)}{(u_0^2 + v_0^2)(e^2-1)}$$

$$\text{und } (x-a) = \vartheta u_0;\ (y-b) = \vartheta v_0;\ x = a + \vartheta u_0;$$
$$y = b + \vartheta v_0$$

d. h. aber aus den Koordinaten von M sind sowohl u und v als auch u^1 und v^1 völlig verschwunden, sie hängen nur von den Konstanten der Kurve ab, der Punkt M ist also für alle Durchmesser derselbe.

Ist $e = 1$, so ist ϑ und damit x und y unendlich, d. h. also: bei der **Parabel** liegt das Centrum im Unendlichen, ihre Durchmesser sind **parallel.**

No. 8 lässt sich auch schreiben

9) $x(\lambda u_0 - v\gamma) + y(\lambda v_0 + u\gamma) - (\lambda - \gamma a v + \gamma b u) = 0$ oder $x\alpha + y\beta - n = 0$; es sind also $(\lambda u_0 - v\gamma):n$ und $(\lambda v_0 + u\gamma):n$ die Koordinaten U und V des Durchmessers, welcher der Richtung $(u|v)$ konjugiert ist und $-\alpha:\beta$ ist sein Richtungsfaktor. Für die Parabel ist $-\alpha:\beta = -v_0:u_0$, d. h. nach § 12 S. 53.

Die Durchmesser der Parabel stehen auf der Leitlinie senkrecht.

Da für die Parabel das Centrum als Pol auf seiner Polaren liegt, so sagt man, dass die Parabel von der unendlich fernen Geraden berührt wird.

Man zeigt umgekehrt, dass die Polare μ von

$$M \left\{ (\xi|\eta) \right.$$ die unendlich ferne Gerade ist. Es ist $q(\xi\eta) = \gamma\vartheta$, also wird 7) nach Division mit $\gamma\vartheta$

$$q(x|y) = (x-a)u_0 + (y-b)v_0$$

$$x(u_0 - u_0) + y(v_0 - v_0) - (1 + a u_0 + b v_0) = 0$$

d. h. aber μ hat die Koordinaten $0|0$ oder μ ist die unendlich ferne Gerade.

Es ist ebenfalls sofort zu verifiziren, dass M auf jedem Durchmesser liegt, da $U\xi + V\eta = 1$ oder w. d. i. $\alpha\xi + \beta\eta = n$ ist, man braucht nur die Gleichung $\vartheta(u_0^2 + v_0^2 - \gamma) = -(ua + vb - 1)$ zu benutzen; dass dann M die Mitte jedes Durchmessers ist, folgt sofort daraus, dass sein 4. harmonischer im Unendlichen, wird aber auch direkt mit Benutzung von $\frac{x_1 + x_2}{2} = \frac{-\sigma}{\varrho}$ (§ 19 S. 83) nachgewiesen und ohne jede Mühe, wenn man den Koordinatenanfangspunkt nach F verlegt d. h. $n = \lambda$ setzt.

Unter der Sehnenschaar $(u|v)$ welche der Durchmesser $(U | V)$ halbiert, ist Eine, welche durch M geht, also selbst ein Durchmesser $(U^1 V^1)$ ist, zugeordnet der Richtung $(u^1 v^1)$.

Aus den Gleichungen 9) folgt dann

$$n^1 U^1 = \lambda^1 u_0 - v^1 \gamma = \nu u$$

$$n^1 V^1 = \lambda^1 v_0 + u^1 \gamma = \nu v \text{ und hieraus}$$

$$u^1 = c(\lambda u_0 - v \gamma); \quad v^1 = c(\lambda v_0 + u \gamma)$$

d. h. aber: $\frac{u^1}{v^1} = \frac{U}{V}$ also:

G e h ö r t e i n D u r c h m e s s e r z u r S e h n e n s c h a a r e i n e s a n d e r e n, s o g e h ö r t d e r a n d e r e z u r S e h n e n s c h a a r d e s e r s t e n.

Solche Durchmesser heissen k o n j u g i e r t. Diese Zuordnung ist für die P a r a b e l g e g e n s t a n d s l o s, weil nur die unendlich ferne Gerade als durch M gehend und dem Durchmesser nicht parallel angesehen werden kann, bezw. da alle Durchmesser parallel sind, jeder sich selbst konjugiert ist. Da der 2. Schnittpunkt des Durchmessers der Parabel mit der Kurve im Unendlichen liegt, so geht die Kurve m i t t e n z w i s c h e n P o l u n d P o l a r e h i n d u r c h, und dies ist die charakteristische Eigenschaft der Parabel. Ist M im Endlichen gelegen, so kann der Durchmesser auf seiner Sehnenschaar senkrecht stehen, die Bedingung dafür ist (§ 12 S. 53) $uU + vV = 0$, d. h. aber:

$$\lambda(u_0 u + v_0 v) = 0$$

Ist λ identisch 0 d. h. ist $u_0 = 0$ und $v_0 = 0$, so s i n d a l l e k o n j u g i e r t e n D u r c h m e s s e r a u f e i n a n d e r s e n k r e c h t, dann ist aber die Leitlinie die unendlich ferne Gerade, d. h. die Kurve ist der K r e i s, und wir treffen hier eine wohlbekannte Eigenschaft des

Kreises wieder. Ist λ nicht identisch 0, so haben wir nur die Lösungen $u:v = u_0 : v_0$ oder $u:v = -(v_0 : u_0)$, beide Lösungen ergeben ein einziges Paar konjugierter Durchmesser, welche aufeinander senkrecht stehen: der Durchmesser parallel der Leitlinie und der auf ihr senkrechte. Diese Durchmesser heissen die Axen der centralen Kegelschnitte: Ellipse und Hyperbel. Aus 8) folgt, dass Eine der beiden, die auf L senkrechte, durch den Brennpunkt geht, diese Axe heisst die Hauptaxe, die andere bei der Elipse kleine — bei der Hyperbel Nebenaxe.

Auch bei der Parabel giebt es einen Durchmesser, der seine Sehnenschaar unter rechtem Winkel halbiert, der, dessen Schaar die Richtung der Leitlinie hat. Da für diesen $\lambda = 0$, so geht auch er durch den Brennpunkt und heisst die Axe der Parabel. Oft nennt man die Axen gemeinsam Hauptaxen.

VII. Abschnitt.

Die Parabel.

§ 22. Gestalt der Kurve.

Die Parabel ist der Kegelschnitt für den $e = 1$, d. h. sie ist der Ort der Punkte, welche von einer festen Geraden, — der Leitlinie (L) — und einem festen Punkt — dem Brennpunkt (F) — gleichen Abstand haben, bezw. ist sie die Kurve, welche von der Gesamtheit aller der Geraden umhüllt wird, welche L so schneiden, dass sie den Winkel zwischen L und dem Brennstrahl nach dem Schnittpunkt halbieren, oder, was dasselbe ist, sie ist der Ort der Symmetrieaxen aller Strecken, welche von F nach L gezogen werden können (Fig. 14). Den Berührungspunkt B selbst er-

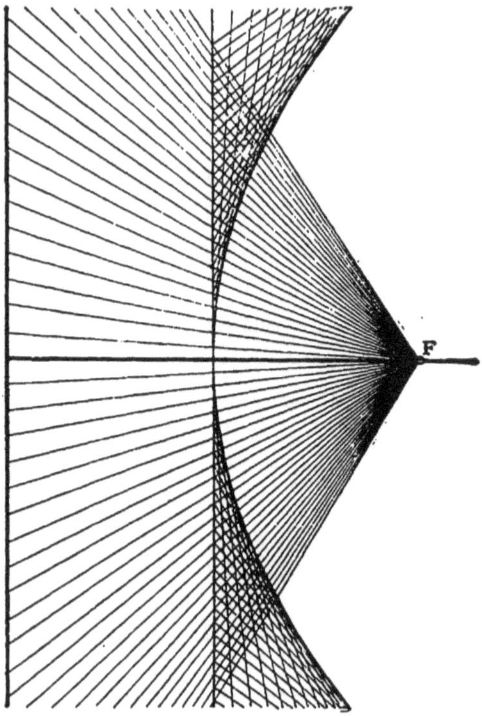

Fig. 14.

hält man, wenn man in dem zugehörigen Punkte der Leitlinie auf ihr das Loth errichtet (Fig. 15). Ausgezeichnet ist die Tangente, welche L parallel ist, sie geht durch die Mitte S des von F auf L gefällten Lothes FG. Punkt S heisst: Scheitel der Parabel, die Tangente in S: die Scheiteltangente, die Gerade GF ist nach Definition die Axe der Parabel. Die Senkrechten auf L, welche die Berührungspunkte liefern, sind die Durchmesser. Sie haben mit der Kurve zwar auch nur einen Punkt gemeinsam, aber ihr Schnittpunkt im Unendlichen kann als Parabelpunkt gelten, weil das Verhältnis PF:PA sich mit wach-

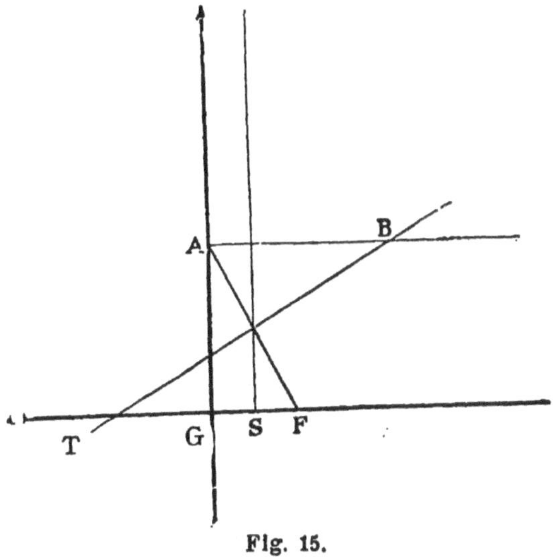

Fig. 15.

sender Entfernung des Punktes P mehr und mehr der Einheit nähert. Man sieht, die Kurve liegt ganz auf der Seite von L, bezw. der Scheiteltangente, auf der F liegt. Die Axe teilt L und damit die Kurve in zwei symmetrische Teile, die Tangenten drehen sich von der Scheiteltangente oberhalb und unterhalb fortwährend nach der Axe zu, bis sie in unendlicher Entfernung von S untereinander und der Axe parallel werden, und die Axe der Kurve und einander im unendlich fernen Punkt der Parabel treffen. Alles dies ist leicht durch die Rechnung zu bestätigen.

Wählt man S zum Anfangspunkt, die Axe zur X-Axe, die Scheiteltangente zur Y-Axe, nennt die Länge von FG kurz p, und setzt als +X den Strahl SF fest, so ist:

$$u_0 = -2/p; \; v_0 = 0; \; a = \tfrac{1}{2}p; \; b = 0; \; e = 1$$

und damit gehen 1) und 2) des § 18 über in

$$1) \; y^2 = 2px; \quad 2) \; v^2 + 2up^{-1} = 0$$

wir haben also dieselbe Erscheinung wie beim Kreis.

Die Parabelgleichung enthält in Punkt wie in Linienkoordinaten nur die eine Konstante p, von der die Gestalt der Kurve abhängt, sie heisst der Parameter, Grenzfälle sind $p = 0$ — dann artet die Kurve in die (doppelt zu denkende) X-Axe aus — und $p = \infty$, dann geht die Kurve in die unendlich ferne Gerade über. Da in Folge von 1) $y = \pm\sqrt{2px}$, dagegen $x = \frac{y^2}{2p}$ völlig bestimmt ist, so folgt, dass die X-Axe d. h. die Kurvenaxe für die Kurve eine Symmetrieaxe ist, ferner dass auf jeder Seite der Axe die Punkte der Kurve sich von beiden Seiten fortwährend entfernen, aber so, dass die Abstände von der X-Axe sich immer schwächer und schwächer ändern, so dass die Kurve im Unendlichen als der X-Axe parallel angesehen wird. Zu $x = +\infty$ gehört zwar auch $y = +\infty$ und $y = -\infty$, aber da wir die Gerade als im Unendlichen geschlossen denken, so können wir diese beiden Punkte $(x|+\infty)$ und $(x|-\infty)$ als zusammenfallend ansehen und im verschwindenden Abstand von der X-Axe, weil $\sqrt{x}$ gegen x verschwindet, wenn x über jedes Mass gross, so dass wir die Kurve als im Unendlichen geschlossen denken und den unendlich fernen Punkt in der Richtung der Axe. Es hindert ferner nichts, anzunehmen, dass zu jedem y ausser dem x, welches 1 liefert, noch der Wert $x = \infty$ gehört, entsprechend der Thatsache des vorigen Paragraphen, wonach alle Durchmesser (deren Gleichung $y = c$ ist) die Kurve im unendlich fernen Punkte schneiden.

Die Gleichung $v^2 + 2up^{-1} = 0$ zeigt a), dass zu jedem u zwei gleiche und entgegengesetzte v gehören, d. h. dass zu jedem Punkt der X-Axe zwei symmetrisch gegen die Axe gelegene Tangenten gehören, die reell sind für alle negativen u, d. h. für alle Punkte auf dem Strahl SG, für S selbst fallen beide v zusammen. Zu jedem v gehört nur ein u, es giebt scheinbar durch jeden Punkt der Y-Axe, d. h. der Scheiteltangente, nur Eine Tangente, dazu kommt aber wieder die Lösung $u = \infty$, d. h. die Scheiteltangente selber. Die Gleichung 2 giebt eine bequeme Erzeugung der Kurve aus ihren Tangenten. Die Gleichung $v^2 + 2up^{-1} = 0$ ist hervorgegangen aus $\sigma^2 - \varrho\tau$ des § 18, wir entnehmen daraus den Satz:

Eine Gerade schneidet die Parabel, berührt sie, schneidet sie nicht, je nachdem der Gegenpunkt des Brennpunkts in Bezug auf die Gerade auf die Brennpunktsseite der Leitlinie, auf die Leitlinie, oder entgegengesetzt fällt.

Die Gleichungen der Tangente und der Polare folgen aus 7) und 8) des § 21.

3) $yy^1 = p(x + x^1)$ bezw. 3a) $y\eta = p(x + \xi)$. [Berührungspunkt $\{(x' | y')$; Pol $\{(\xi | \eta)]$.

Aus 3) bezw. 3a) folgt, dass wenn $y = 0$, so $x = -x'$ (bezw. $-\xi$), d. h. die Tangente (Polare) schneidet die Axe so, dass der Scheitel in der Mitte zwischen dem Schnitt und dem Fusspunkt der Ordinate des Berührungspunkts (Poles) liegt.

Aus 3) erhellt die für die Parabel charakteristische Thatsache, dass die Konstruktionsfigur ABF der Figur 15 sich zu der Raute ABFT vervollständigen (Fig. 16) lässt, sowie der Satz:

Alle Parabeltangenten (bezw. Polaren) werden zwischen Kurve (Durchmesser) und Axe von der Scheiteltangente halbiert.

Die Senkrechte auf der Tangente im Berührungspunkt heisst bei allen Kurven Normale, das Stück der X-Axe zwischen dem Fusspunkt β der Ordinate und dem Schnittpunkt T der Tangente heisst Subtangente das Stück zwischen dem Fusspunkt β und dem Schnitt der Normale N heisst die Subnormale.

Aus der Kongruenz der Dreiecke TAG und FBβ; GAF und βBN folgt:

Die Subtangente ist doppelt so lang als die Abscisse und was wichtiger:

Die Subnormale ist konstant und gleich dem Parameter.

Schlägt man um F mit dem Brennstrahl FB den

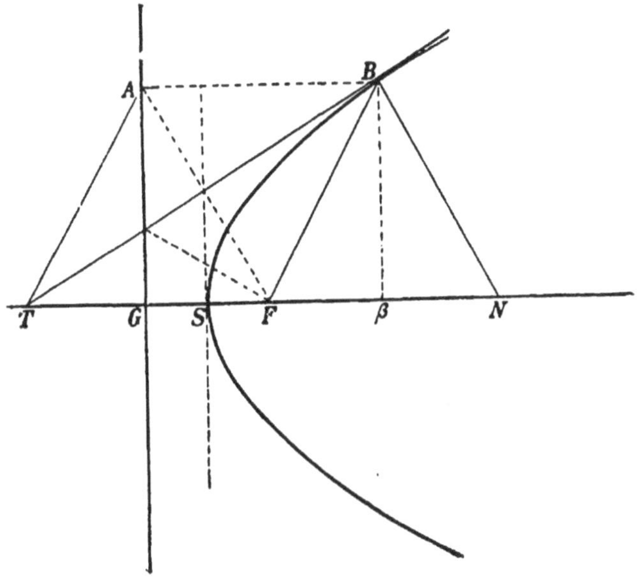

Fig. 16.

Kreis, so trifft er die Axe in T und N und liefert Tangente und Normale zugleich. Da die Tangente die Symmetrieaxe zu FA, so ist es leicht, von irgend einem Punkt P an die Parabel die Tangenten zu konstruieren. Man hat nur um P mit PF einen Kreis zu schlagen, der (wenn P ausserhalb, d. h. $PF > PC$) (Fig. 17) die Leitlinie in den Punkten A und A_1 schneidet; die Symmetrieaxen zu FA bezw. FA_1 sind dann die Tangenten und B und B_1 die Berührungspunkte.

Da die Tangente den Winkel ABF halbiert, so halbiert die Normale den Nebenwinkel, d. h.:

Alle Strahlen, welche von F her die Kurve treffen, werden in der Richtung der Axe zurückgeworfen, und alle Strahlen, welche in

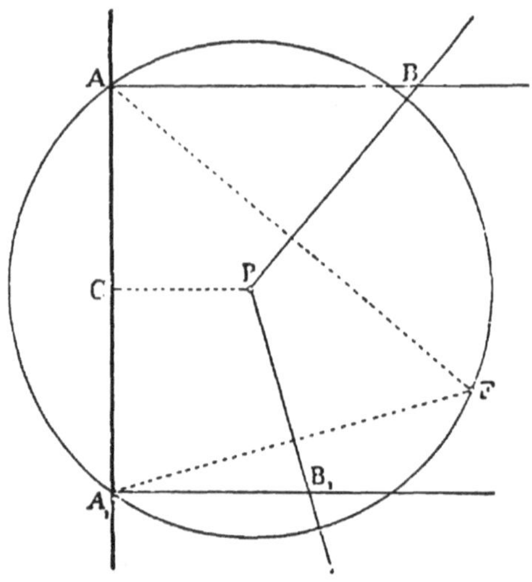

Fig. 17.

der Richtung der Axe von innen kommend die Kurve treffen, werden im Brennpunkt gesammelt.

Diese Eigenschaften, von denen der Brennpunkt seinen Namen hat, machen die parabolischen Spiegel so wichtig für Optik, Wärmelehre und Elektricität. Die Parabel hat ausserdem noch Bedeutung für die Mechanik als *Wurflinie*, Grenzfall der *Kettenlinie* und für die Astronomie als Kometenbahn.

§ 23. Weitere Brennpunktseigenschaften.

Vervollständigt man Fig. 17 dadurch, dass man F mit B und B_1 verbindet und zu $A A_1$ die Axe zieht, welche durch P geht, lässt dagegen $A_1 F$ weg, so entsteht Fig. 19. $A_1 P F$ ist als Centriwinkel doppelt

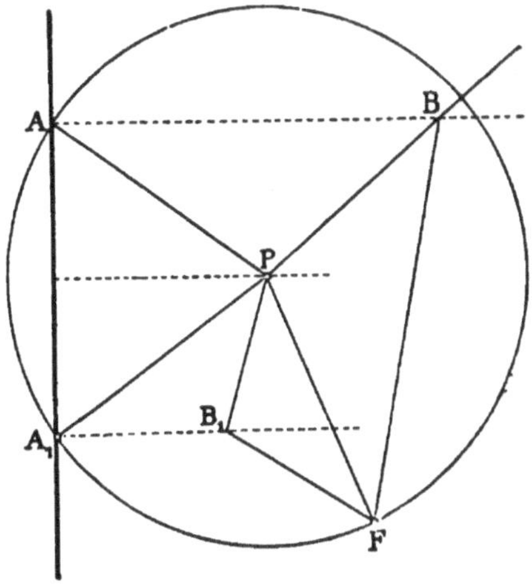

Fig. 18.

so gross als der Peripheriewinkel $A_1 A F$, welcher gleich ABP ist, weil beide den Winkel BAF zu 90° ergänzen; somit ist $\sphericalangle A_1PF = \sphericalangle ABF$, d. h. die Dreiecke A_1PF und ABF, sowie ihre Hälften, sind ähnlich. Die Fig. 18 ist wie Fig. 16 für die Parabel charakteristisch, sie ergiebt eine Reihe von Sätzen (und Aufgaben), von denen einige schon im vorigen § als allgemein giltig erwiesen sind.

Als speziell für die Parabel gelten:

1) Der Brennstrahl nach dem Pol ist

mittlere Proportionale zwischen den Brennstrahlen nach den Berührungspunkten.

2) Die Quadrate der Tangenten verhalten sich wie ihre Berührungsbrennstrahlen.

3) Die Tangenten bilden mit dem Brennstrahl und dem Durchmesser nach ihrem Pol (Schnittpunkt) wechselweise gleiche Winkel.

4) Der Tangentenwinkel ist die Hälfte des Winkels, unter dem die Polare vom Brennpunkt aus erscheint.

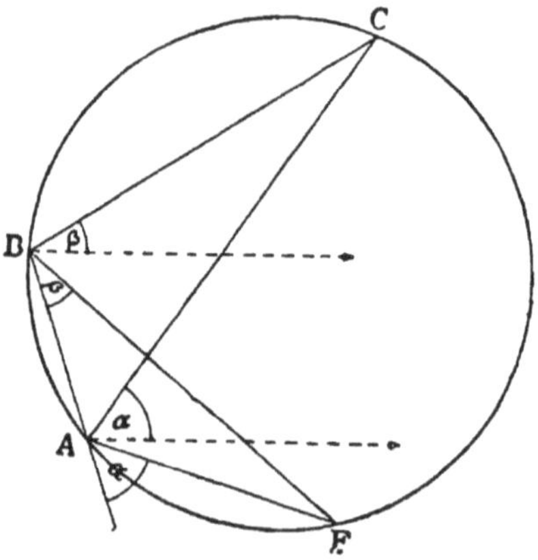

Fig. 19.

Da Winkel B_1PF gleich PBF, so hängt er von der Lage des Punktes P auf der Tangente PB nicht ab, d. h.:

5) Zieht man vom Brennpunkt aus nach allen Tangenten unter konstantem Winkel Strahlen, so bilden die Scheitel diejenige Tangente, welche mit ihrem Berührungsbrennstrahl diesen Winkel bildet.

Sei ABC jetzt ein von 3 Tangenten gebildetes

Dreieck (3 Parabeltangenten bilden stets ein Dreieck, da, weil M des vorigen § im Unendlichen, nie 2 Tangenten einander parallel sind) und zieht man durch A und B den Durchmesser, und verbindet A und B mit F, (Fig. 19), so folgt aus Satz 3 (Fig. 18) sofort, dass $\sphericalangle$ ACB und AFB gleich sind, weil beide gleich $\alpha-\beta$, also:

6) Das Stück jeder dritten Tangente zwischen zwei festen Tangenten erscheint von F aus unter dem festen Winkel; oder:

7) **Der Brennpunkt liegt auf dem jedem Tangentendreieck umgeschriebenen Kreis.**

Durch 3 Tangenten wird also der Brennpunkt auf den Umkreis ihres Dreiecks gebannt, während die zugehörige Leitlinie sich um den Höhenschnittpunkt dreht, durch 4 Tangenten ist also die Parabel völlig bestimmt; 4 Parabeltangenten bilden stets ein vollständiges Vierseit mit 6 Ecken im Endlichen, die 4 Umkreise der 4 Dreiecke solcher Konfiguration schneiden sich stets in Einem Punkt. Also: An jedes vollständige Vierseit ohne parallele Seiten lässt sich Eine und nur Eine Parabel anschreiben.

Der Schnittpunkt zweier Umkreise zweier Dreiecke ist F, die Gegenpunkte von F in Bezug auf zwei Seiten bestimmen L.

§ 24. Sehnen- und Polar-Eigenschaften.

Die Gleichung der Sehne kann man entweder ebenso wie beim Kreis aus 1) des vorigen § ableiten, oder sie allgemein für alle Kegelschnitte ableiten und dann spezialisieren.

Bezeichnet man die Form (die linke Seite der auf 0 gebrachten Gleichung) der Tangentengleichung mit $T_b^{\,p}$ wo p den laufenden Punkt und b den Berührungspunkt bedeute, und T sich nicht ändert, wenn man beide vertauscht, so ist die Gleichung der Sehne durch

A $\{(x_1|y_1)$ und B $\{(x_2|y_2)$: $T_1^{\,p} + T_2^{\,p} = T_2^{\,1}$, somit für die Parabelsehne

4) $y y_1 - p(x + x_1) + y y_2 - p(x + x_2) = y_1 y_2 - p(x_1 + x_2)$
oder $y y_1 - p x + y y_2 - p x = y_1 y_2$
oder $y(y_1 + y_2) - y_1(y_1 + y_2) = 2px - 2px_1$; $(y_1^2 = 2px_1)$

d. h. 4a) $y - y_1 = \frac{2p}{y_1 + y_2}(x - x_1)$.

Der Richtungsfaktor jeder Sehne ist also $\frac{p}{\eta}$ wenn η die Ordinate ihres Mittelpunktes bedeutet. Ist ξ die Abscisse zu η, so ist, da $(\xi|\eta)$ auch auf AB liegt

4b) $y - \eta = \frac{p}{\eta}(x - \xi)$.

Die Gleichung der Sehne ist in dieser Form mit der der Tangente völlig identisch und an Stelle des Berührungspunktes tritt der Mittelpunkt der Sehne; und sie gehen in einander über, wenn $(\xi|\eta)$ ein Punkt der Kurve d. h. wenn A und B zusammenfallen.

Da $\frac{p}{\eta}$ der Richtungsfaktor der Sehne, so folgt hier direkt der Satz: Die Mitten der parallelen Sehnen liegen auf einer Parallelen zur X-Axe, d. h. auf einem Durchmesser.

Nennt man die Senkrechte auf der Sehne in der

Mitte M $\{(\xi|\eta)$ die Sehnennormale, so ist deren Gleichung

$$5)\quad y-\eta=\frac{-\eta}{p}(x-\xi)$$

woraus wenn $y=0$ gesetzt wird, erhellt, dass ganz allgemein für alle Sehnennormalen der Satz gilt: Die Subnormale ist konstant und gleich dem Parameter.

Bezeichnet man den Winkel, welchen die Sehnenschar mit ihrem Durchmesser bildet, mit β, so ist $\eta=p\cot\beta$ die Gleichung des Durchmessers. Der Punkt S, in welchem er die Kurve im Endlichen trifft, heisst sein Scheitel, dessen Abscisse ξ nach 1) gleich $\frac{1}{2}p\cot^2\beta$. Die Tangente im Scheitel S hat ebenfalls wie 5) zeigt, den Richtungsfaktor $p/\eta=\operatorname{tg}\beta$, wie schon bekannt ist. Transformiert man die Gleichung 1 der Kurve auf den Durchmesser $\eta=p\cot\beta$ als X'-Axe und die Tangente in S als Y'-Axe, so ergeben unsere Gleichungen aus § 13, da $\bar{\alpha}=0$ und $\bar{\beta}=\beta$ und $w=90°$, ist

$$x=x'+y'\cos\beta+\tfrac{1}{2}p^2\cot^2\beta;\ y=y'\sin\beta+p\cot\beta,$$

somit
$$y'^2\sin^2\beta+2py'\cos\beta+p^2\cot^2\beta=2px=2px'+2py'\cos\beta+p^2\cot^2\beta$$

also

$$6)\quad y'^2=2p'x'$$

wo $p'=p/\sin^2\beta$. In Worten:

Die Parabelgleichung behält in Bezug auf einen beliebigen Durchmesser als X-Axe und seine Scheiteltangente als Y-Axe ihre Form, ja selbst p', der Parameter der Sehnenschar oder des Durchmessers, behält die Bedeutung; da es gleich ($^1/_2\, p + \xi$) 2, so ist es gleich dem doppelten Abstand des Scheitels S von der Leitlinie. Die Gleichungen 5 der Sehne und Tangente behalten also auch ihre Form, nur geht p in p′ über und es bleiben also auch die Sätze die daraus folgen, z. B.:

Jede Tangente schneidet jeden Durchmesser so weit hinter dem Scheitel, als die konjugierte Sehne durch den Berührungspunkt vorne.

Wir finden, heisst dies, durch Rechnung den Satz bestätigt:

Die Tangenten im Endpunkt einer Sehne schneiden den konjugierten Durchmesser so weit hinter S als die Sehne vorne, oder: Der Pol liegt auf seinem Durchmesser so weit hinter dem Scheitel als die Polare vorne.

Wenn also PQR ein Tripeldreieck (§ 20 S. 85) ist, so bestimmen die Mitten der drei Seiten die 3 den Polaren parallelen Tangenten.

§ 25. Quadrierung, Potenzsatz.

Auf dem eben bestätigten Satz beruht die Quadrierung der Parabel. Sei P ein Punkt ausserhalb der Kurve, AB seine Polare (Fig. 20), S. der Scheitel seines Durchmessers. Die Tangente in S halbiert als Parallele zu AB Strecke PA in P_1 und PB in P_2, also ist: Dreieck ASB = 2 Dreieck P_1PP_2 (sie haben gleiche Höhen und AB ist $= 2\, P_1\, P_2$.

Man kann nun ebenso durch P_1 und P_2 die Durchmesser P_1S_1 und P_2S_2 ziehen, dann wieder in S_1 und S_2 die Tangenten, welche wieder P_1A und P_1S bezw.

P_2B und P_2S halbieren, und sofort in infinitum; stets ist das Sehnendreieck das Doppelte des Tangentendreiecks. Die Sehnendreiecke füllen dann schliesslich das Parabelsegment ASB aus, und die Tangentendreiecke die Fläche zwischen der Kurve und den Tangenten in A und B. Da alle Glieder der einen

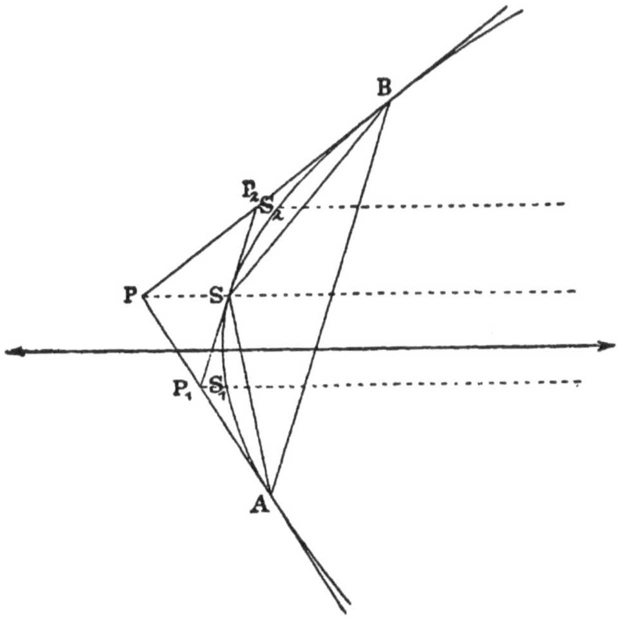

Fig. 20.

Summe doppelt so gross als die einzelnen Glieder der anderen sind, so ist auch die ganze erste Summe doppelt so gross als die zweite. Also:

Die Parabel teilt das Dreieck des Pols und der Polare im Verhältnis von 1 : 2 oder

Das Parabelsegment ASB ist $^2/_3$ des Dreiecks APB.

Man kann auch sagen (da SMB ebenso $^2/_3$ von PMB ist):

Die Parabel teilt das Parallelogramm aus den Koordinaten eines ihrer Punkte (bezogen auf irgend einen Durchmesser und seine Scheiteltangente als Axen) von innen nach aussen im Verhältnis 2 zu 1.

Potenzsatz.

Sei (Fig. 21) AB eine Sehne, P ein beliebiger Punkt auf ihr, M die Mitte, SM der konjugierte Durch-

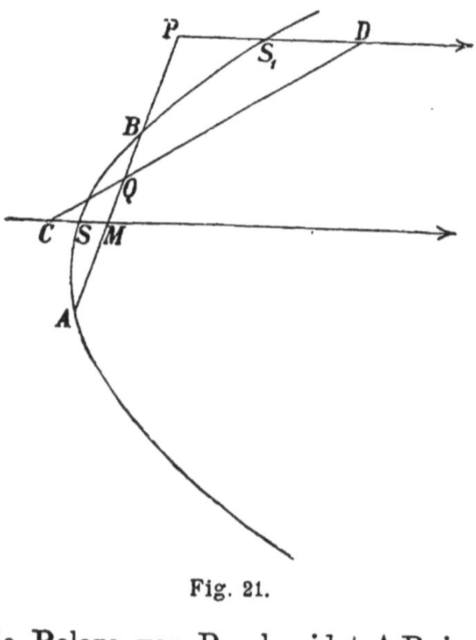

Fig. 21.

messer. Die Polare von P schneidet AB in Q, so dass also A und B durch P und Q harmonisch getrennt sind, sie schneidet den Durchmesser durch P in D, so dass

DS_1 und S_1P gleich sind und trifft MS im Pol C von AB, so dass CS und SM gleich sind. Alsdann ist, wenn $BM = y'$ nach 6) $y'^2 = 2p'x'$, wo p' nur von der Sehne AB abhängt; es ist aber $y'^2 = MP.MQ = 2p'x'$ und wegen der Aehnlichkeit $2x'.QP = MQ.PD$, also $MP.PQ = p'PD = 2p'p''$, wenn p'' den Abstand des Punktes P vom Scheitel seiner Durchmesser bedeutet; $MP.PQ$ ist aber $BP.PA$ und somit:

Das Rechteck aus den Abschnitten der Sehne im Punkte P ist gleich dem Produkt aus dem Parameter der Sehnenschar und dem doppelten Scheitelabstand des Punktes P.

Die Rechtecke aus den Abschnitten zweier sich in P schneidenden Sehnen verhalten sich wie die Parameter.

Das Verhältnis der Rechtecke bleibt ungeändert, wenn beide Sehnen parallel verschoben werden.

VIII. Abschnitt.

Ellipse.

§ 26. Die Kurve.

Die Ellipse ist der Kegelschnitt, dessen numerische Excentricität e kleiner als 1 ist. Sie besitzt ein Centrum M, eine Hauptaxe die durch F geht und eine kleine Axe, welche senkrecht auf jener, der Leitlinie L parallel ist. Wählt man die Hauptaxe zur X-, die kleine Axe zur Y-Axe, so ist in 1) des Abschnitts VI zu setzen: $v_0 = 0$, $b = 0$; $e < 1$ ferner ist in den Gleichungen $8: a + \vartheta u_0 = 0$, somit $u_0 = \frac{e^2}{a}$, dann geht 1) über in:

$$1)\quad x^2(1-e^2) + y^2 = a^2 e^{-2}(1-e^2) \text{ oder}$$

$$1')\quad \frac{x^2 e^2}{a^2} + \frac{y^2 e^2}{a^2(1-e^2)} = 1.$$

Ersetzt man $\left|\frac{a}{e}\right|$ (d. h. den absoluten Betrag von $a:e$) durch A und $\left|\frac{a\sqrt{1-e^2}}{e}\right|$ durch B, so geht 1' über in

$$1^a)\quad \frac{x^2}{A^2} + \frac{y^2}{B^2} = 1.$$

Dies ist die Gleichung der Ellipse für das Hauptaxensystem. Da wenn $y = 0$, $x = \pm A$, und wenn $x = 0$ $y = \pm B$, so sind 2 A und 2 B die Längen der Haupt- oder grossen Axe und der kleinen Axe.

In 1^a) kommen nur die Quadrate von x und y vor, daraus folgt, dass die Kurve sowohl in Bezug auf die X- als auch Y-Axe symmetrisch ist; die Hauptaxen teilen die Kurve in 4 kongruente Teil-Quadranten. Die Symmetrie in Bezug auf die Y-Axe erfordert, dass die Kurve symmetrisch zu F und L noch einen zweiten Brennpunkt F_1 und eine zweite Leitlinie L_1 besitzt. (Fig. 22). Man sieht sofort, dass ausserhalb des Parallelogramms $(+A|+B)$; $(-A|+B)$; $(-A|-)B$; $(+A|-B)$ kein Punkt der Kurve liegen kann. Die Punkte S und S' resp. σ und σ' heissen die Scheitel der Kurve. Die Länge von FM, welche $|a|$ ist und daher Ae ist, heisst die lineare Excentricität, während $\left|\frac{1}{u_0}\right|$

der Abstand der Leitlinien von M, gleich $A e^{-1}$ ist. Die Ellipse ist eine geschlossene ganz im Endlichen verlaufende Kurve, deren nahe Verwandtschaft mit dem Kreis schon aus 1[a]) hervorgeht, sie wird zum Kreis, wenn $A = B$, d. h. aber $e = 0$; dann fallen beide Brennpunkte auf M und beide Leitlinien ins Unendliche. Umgekehrt sieht man, dass die Ellipse aus dem Kreis um M mit dem Durchmesser 2 A, dem Hauptkreis,

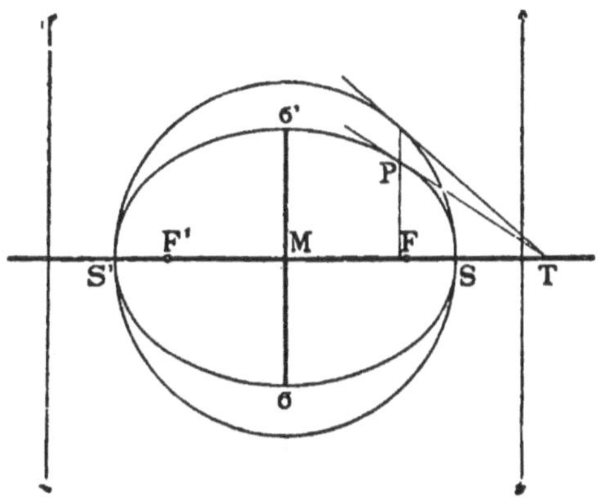

Fig. 22.

durch Druck gegen die X-Axe (bezw. aus dem Kreis um M mit Durchmesser 2 B durch Zug) hervorgeht, bei dem alle Abscissen ungeändert bleiben, die Ordinaten alle im Verhältnis A/B zusammengedrückt (bezw. wie B : A ausgedehnt) werden. Diese Bemerkung ist zuerst von Stevin (1585) benutzt worden, um die Geometrie der Ellipse aus der des Hauptkreises abzuleiten. Da alle Rechtecke, deren Grundlinien auf der X-Axe liegen, und deren Ecken entsprechende Punkte sind, d. h. deren Ordinaten sich wie A/B verhalten, auch sich wie A/B verhalten, so sieht man, dass jedes Ellipsenflächenstück sich zu dem entsprechenden Kreisflächenstück wie B : A verhält insbesondere ist der Inhalt der Ellipse $AB\pi$. Die affine Beziehung liefert die nebenstehende Konstruktion der Ellipse mittelst der festen Kreise um M mit A und B, welche auf dem Reissbrett sich durch Verschiebung der Reissschiene sehr schnell ausführen lässt.

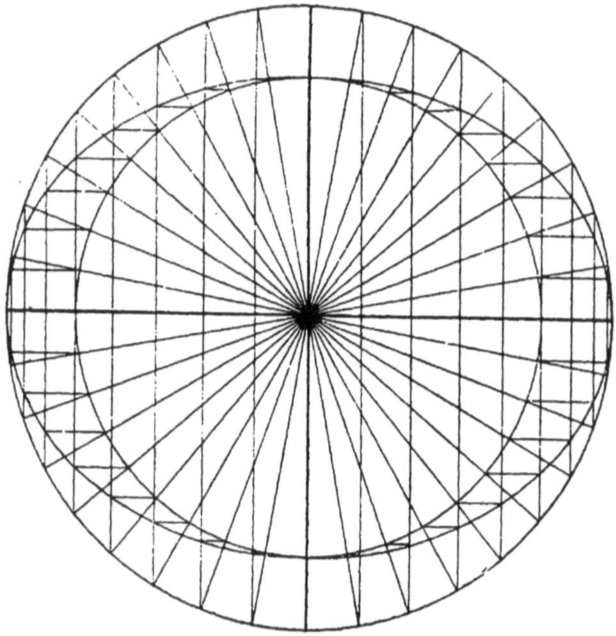

Fig. 23.

Man konstruiert unabhängig vom Hauptkreis beliebige Kurvenpunkte, wenn man F A der Fig. 112 innerhalb und ausserhalb im Verhältnis e teilt und über die Teilpunkte als Durchmesser den (Apollonischen) Kreis schlägt, der die Senkrechte auf L in A in den Kurvenpunkten B und B_1 schneidet.

Die Gleichung der Ellipse in Linienkoordinaten wird (nach Abschnitt VI)

$$2)\quad A^2u^2+B^2v^2-1=0,$$

und man sieht, dass mit ganz unwesentlicher Aenderung die Rechnung sich wie beim Kreis gestaltet. Die Koordinaten der Tangenten von $P\{(x_1|y_1)$ sind wieder

$$u_{12}=\frac{B^2x_1\pm pABy_1}{A^2y_1^2+B^2x_1^2};\quad v_{12}=\frac{A^2y_1\mp pABx_1}{A^2y_1^2+B^2x_1^2}$$

also die Gleichungen der Tangenten

$$3)\quad \frac{xx_1}{A^2}+\frac{yy_1}{B^2}-1\pm\frac{p}{\mp AB}(xy_1-yx_1)=p^2$$

wenn wieder p^2 das Resultat der Substitution von x_p y_p in die Form der Ellipsengleichung bezeichnet, und Potenz heisst. Ist $p^2=0$, d. h. P auf der Kurve, so giebt es nur Eine Tangente, deren Gleichung daher

$$3^a)\quad \frac{xx_1}{A^2}+\frac{yy_1}{B^2}-1=0$$

ist. Wenn $p^2>0$ d. h. P ausserhalb der Ellipse, giebt es zwei reelle Tangenten, und wenn $p^2<0$, d. h. P innerhalb der Kurve, so sind die Tangenten imaginär. Die Gleichung der Polaren ist der Form nach mit der der Tangenten identisch, nur dass x_1 und y_1 die Koordinaten des Poles sind. Da wenn $y=0$, $x_0x_1=A^2$, so ergiebt 3^a) eine einfache Konstruktion der Tangente in P, mittelst des Pythagoras; man schlägt um M mit A den Kreis (dessen gedrücktes Abbild die Ellipse ist), verlängert die Ordinate bis sie den Hauptkreis im entsprechenden Punkte trifft, legt an diesen die Kreistangente, schneidet die Grosse Axe in der Entfernung x_0 von M_1 im Punkte T, so ist TP die Tangente. (Fig. 22.)

§ 27. Konjugierte Durchmesser.

Wir fanden S. 89 zwischen den Richtungsfaktoren konjugierter Durchmesser die Beziehung

$$\frac{u^1}{v^1} = \frac{\lambda u_0 - v\gamma}{\lambda v_0 + u\gamma}; \text{ wo } \gamma = \frac{u_0^2 + v_0^2}{e^2}$$

da hier $v_0 = 0$, $u_0 = \frac{e}{a}$, so ist $\gamma = a^{-2}$, wenn der

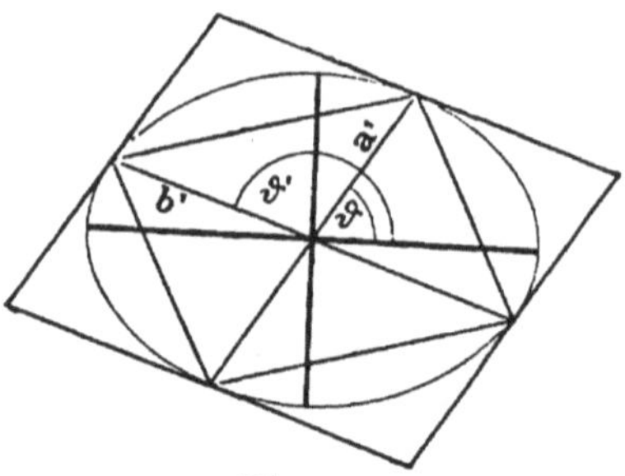

Fig. 24.

Einfachheit halber die Hauptaxen fortab mit 2a und 2b bezeichnet werden; da $\lambda = u_0 v$, so ist $\frac{u'}{v'}\frac{u}{v} = e^2 - 1$, also wenn man (Fig. 24) die Winkel, welche die Durchmesser mit $+X$ bilden, ϑ und ϑ' nennt.

$$4) \quad \text{tang}\, \vartheta \; \text{tang}\, \vartheta' = -\frac{b^2}{a^2}.$$

Aus dieser einfachen Beziehung entspringen eine Reihe von Folgerungen.

1) Der Quotient ändert sich nicht, wenn beide Axen den Faktor δ erhalten. Fasst man also M als Aehnlichkeitscentrum und bildet die Ebene, in der die Ellipse liegt, von M aus im Grundverhältnis δ ähnlich ab, so entspricht der Ellipse um M mit den Halb-Axen a und b, die Ellipse mit den Halb-Axen δa und δb; konjugierte Durchmesser der von M aus ähnlichen

und ähnlich liegenden Ellipsen sind als gerade Linien identisch, und folglich sind die beiden Abschnitte jeder Secante zwischen solchen Ellipsen einander gleich.

2) Wenn $\operatorname{tg} \vartheta = \frac{+b}{a}$, so ist $\operatorname{tg} \vartheta' = \frac{-b}{a}$, d. h. diese beiden Durchmesser liegen symmetrisch zur kleinen Axe und zur grossen, und sind die Diagonalen des in den Endpunkten der Axen, d. h. also in den Scheiteln der Ellipse umgeschriebenen Parallelogrammes. Sie haben der Symmetrie wegen gleiche Länge, was auch rechnerisch sofort erhellt, denn nennt man die Länge des Durchmessers mit dem Winkel ϑ „$2a'$“ (zu ϑ' „$2b'$“) so sind für einen der Endpunkte $x = a' \cos \vartheta$; $y = a' \sin \vartheta$, somit

$$5) \quad \frac{\cos^2 \vartheta}{a^2} + \frac{\sin^2 \vartheta}{b^2} = \frac{1}{a'^2}$$

Da 5 nur die Quadrate des Cosinus und Sinus enthält, so bleibt die linke Seite für den Supplementwinkel ungeändert, und es haben ganz allgemein 2 Durchmesser, welche symmetrisch zur kleinen (und damit auch zur grossen) Axe liegen, gleiche Länge. Man kann 5) auch, weil $b^2 = a^2 - a^2 e^2$ ist, die Form geben: 5^a) $1 - e^2 \cos^2 \vartheta = b^2 a'^{-2}$. Dies ist die Gleichung der Ellipse in Polarkoordinaten für M als Pol, und die grosse Axe als Polar-Axe; aus ihr folgt sofort, dass die grosse Axe der grösste, die kleine Axe der kleinste Durchmesser; dass die Durchmesser der Schar ϑ von 0 bis 90 fortwährend fallen, der Schar ϑ' von 90 bis 180 fortwährend wachsen, bei $\vartheta + \vartheta' = 180$ Gleichheit stattfindet.

Ist $b=a$, so sind alle Durchmesser gleich, die konjugierten stehen aufeinander senkrecht.

3) Der Gleichung 4 lässt sich, da $b^2=a^2(1-e^2)$ ist, die einfache Eorm geben (wenn $\vartheta'-\vartheta=w$ gesetzt wird)

4a) $\cos w = e^2 \cos\vartheta \cos\vartheta'$

auch lässt sich 4) ohne weiteres schreiben als

4b) $b^2 \sin\vartheta \sin\vartheta' + a^2 \cos\vartheta \cos\vartheta' = 0.$

4) Kombiniert man 5a) (nach $e^2\cos^2\vartheta$ bezw. $e^2\cos^2\vartheta'$ aufgelöst) mit 4a), so ergiebt sich fast unmittelbar

6') $a'^2 b'^2 \sin^2 w = b^2 (a'^2 + b'^2 - b^2)$

Es ist aber $a'^2 = \frac{a^2 b^2}{n(\vartheta)}$; $b'^2 = \frac{a^2 b^2}{n(\vartheta')}$ wo $n(\vartheta) = b^2\cos^2\vartheta + a^2\sin^2\vartheta$ zu Folge 4); $n(\vartheta)\,n(\vartheta')$ ist (Subtraktion der aufs Quadrat erhobenen Relation 4b)) $= a^2 b^2 \sin^2 w$, somit erhalten wir

6) $a'^2 b'^2 \sin^2 w = a^2 b^2.$

Der Vergleich von 6) mit 6') ergiebt sofort

7) $a'^2 + b'^2 = a^2 + b^2$

und somit 7a) $n(\vartheta) + n(\vartheta') = (a^2+b^2)\sin^2 w$; 6) und 7) lauten in Worten:

Alle der Ellipse in den Endpunkten konjugierter Durchmesser um- und eingeschriebene Parallelogramme haben gleichen Inhalt (nämlich 4ab und 2ab).

Die Summe der Quadrate konjugierter Durch- (Halb-)messer ist konstant.

Die Länge konjugierter Durchmesser ist durch den Winkel zwischen ihnen bestimmt.

Die Beziehung der Ellipse zum Kreis giebt unmittelbar den Satz, dass die Gleichung ihre Form nicht ändert, wenn man ein beliebiges Paar konjugierter Durchmesser zu Axen wählt.

Sei Durchmesser ϑ die X-Axe, ϑ' die Y-Axe, die positiven Richtungen werden durch die positive Drehung der alten Axen gegeben. Dann ist der Abstand eines Punktes z. B. von der linken Leitlinie L unmittelbar gegeben, da sich die Gleichung von L in der Hesse'schen Normalform sofort hinschreiben lässt, es ist $\delta = |u_0|$; $\cos\alpha = -\cos\vartheta$, $\cos\beta = -\cos\vartheta'$, somit $-L\{-x\cos\vartheta - y\cos\vartheta' - ae^{-1})$ also geht 1) S. 69 über in

8) $(e x\cos\vartheta + e y\cos\vartheta' + a)^2 = [(x\sin w + a e\sin\vartheta')^2 + (y\sin w - a e\sin\vartheta)^2 + 2(x\sin w + a e\sin\vartheta')(y\sin w - a e\sin\vartheta)\cos w]\sin^{-2} w$ oder

$\sin^2 w\,[x^2(1 - e^2\cos^2\vartheta) + y^2(1 - e^2\cos^2\vartheta') + 2xy(\cos w - e^2\cos\vartheta\cos\vartheta')] + 2ae\sin w\,[x(\sin\vartheta' - (\sin\vartheta\cos w + \cos\vartheta\sin w) + y(-\sin\vartheta + \sin\vartheta'\cos w - \cos\vartheta'\sin w)] + c.$

Der Faktor von xy ist 0 infolge von 4a), die Faktoren von x und y desgl., weil $\sin\vartheta' = \sin(\vartheta + w)$ und $\sin\vartheta = \sin(\vartheta' - w)$ ist.

$c = a^2e^2\sin^2\vartheta' + a^2e^2\sin^2\vartheta - 2a^2e^2\sin\vartheta\sin\vartheta'\cos w - a^2\sin^2 w$; weil $a^2e^2 = a^2 - b^2$, so ist

$$a^2e^2\sin^2\vartheta' = a^2\sin^2\vartheta' + b^2\cos^2\vartheta' - b^2$$

$$a^2e^2\sin^2\vartheta = a^2\sin^2\vartheta + b^2\cos^2\vartheta - b^2$$

ihre Summe nach 7a) $= (a^2 + b^2)\sin^2 w - 2b^2$, somit

$$c = b^2\sin^2 w - 2b^2 - 2a^2e^2\sin\vartheta\sin\vartheta'\cos w$$

Es ist aber nach 4) und 4a)

$$a^2e^2\sin\vartheta\sin\vartheta' = -b^2e^2\cos\vartheta\cos\vartheta' = -b^2\cos w$$

$$c = b^2\sin^2 w - 2b^2 + 2b^2\cos^2 w = -b^2\sin^2 w.$$

Nach Division mit b^2 und Benutzung von 5a) geht 8) über in

$$8') \quad \frac{x^2}{a'^2} + \frac{y^2}{b'^2} = 1$$

q. e. d.

Das Produkt aus den Abschnitten einer Tangente zwischen je zwei zugeordneten Durchmessern ist konstant und gleich dem negativen Quadrat des der Tangente parallelen Halbmessers.

Mittelst dieses Satzes ist es leicht, wenn die Hauptaxen gegeben sind, ein Paar Axen, das den gegebenen Winkel w einschliesst, zu konstruieren als auch umgekehrt, wenn ein Paar Axen, das w einschliesst, gegeben ist, die Hauptaxen zu finden.

Ist EM und CM das gegebene Paar, und wird die Tangente in E von der grossen Axe in A und von der kleinen in B getroffen, so ist $EA \cdot EB = -MC^2$. Errichtet man in E auf der Tangente (die MC parallel ist) das Lot und trägt nach beiden Seiten MC ab bis D und G, so liegen D, G, A, B auf einem Kreise, dessen Centrum auf AB liegt und der durch M geht, weil AMB ein Rechteck. Also: Man schlage um MDG den Kreis, ziehe durch E die Senkrechte auf DG, welche den Kreis in A und B trifft, so sind MA und MB die Hauptaxen.

§ 28. Brennpunktseigenschaften.

Unterscheidet man die Brennpunkte wie in Fig. 22 als F und F′ und die Brennstrahlen von F und F′

nach dem beliebigen Punkt P der Kurve als ϱ und ϱ', so ist nach der Fundamentaleigenschaft der Ellipse wenn $+X$ wie üblich nach rechts gerichtet ist (Fig. 25)

$$\varrho' = e(M\,G' - x) = a - x\,e$$

und ebenso

$$\varrho = a + x\,e,$$

somit

$$9)\quad \varrho + \varrho' = 2\,a.$$

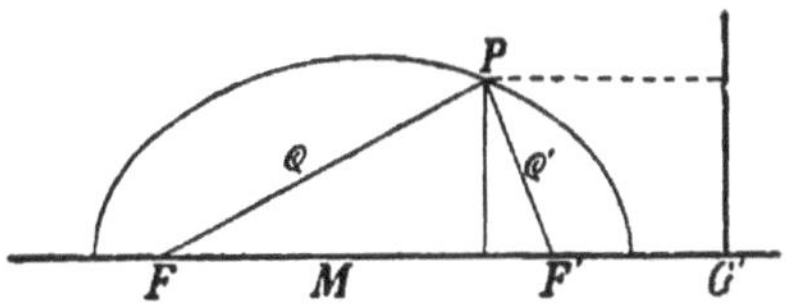

Fig. 25.

In Worten:

Die Summe der Brennstrahlen ist konstant und gleich der grossen Axe.

Bezeichnet man den Winkel $P\,F^1 S'$ mit φ, so ist $x - a\,e = \varrho' \cos\varphi$; $x\,e = e\,\varrho' \cos\varphi + a\,e^2$; somit $\varrho'(1 + e \cos\varphi) = a(1 - e^2)$. Es ist aber $a\,(1 - e^2) = e\,F'\,G' = p$, wenn p die Ordinate durch den Brennpunkt (für das Hauptaxensystem) bedeutet. 2 p heisse **Parameter**; also

$$9^{a})\quad \varrho' = \frac{p}{1 + e\cos\varphi} = r.$$

Dies ist die Gleichung der Kurve in Polarkoordinaten für F' als Pol und $F'G^2$ als Axe, sie gilt für alle Kegelschnitte, und ist historisch wichtig, weil Kepler aus ihr die Gestalt der Marsbahn erschlossen hat.

Setzt man in 9a) für φ ein $\varphi' = 180 + \varphi$, so geht $\cos\varphi'$ in $-\cos\varphi$ über, somit

$$9^{b})\quad \frac{1}{r} + \frac{1}{r'} = \frac{2}{p}, \text{ also:}$$

Das harmonische Mittel aller Sehnen durch einen Brennpunkt ist konstant.

Multipliziert man $\varrho' = a - xe$ mit $\varrho = a + xe$, so kommt $\varrho\varrho' = a^2 - x^2e^2$; nach 5a) ist aber $x^2e^2 = a'^2 - b^2$, somit: $\varrho\varrho' = b'^2$, d. h.:

Das Rechteck aus den beiden Brennstrahlen eines Kurvenpunktes ist gleich dem Quadrat des konjugierten Halbmessers.

Die Formel 9 wird meist ausgesprochen:

Die Ellipse ist der Ort aller Punkte, für welche die Summe der Abstände von zwei festen Punkten konstant ist.

Der Satz giebt die mechanische Erzeugung der Kurve; man schlingt um zwei feste Stifte lose einen Faden, und bewegt eine (einschneidende oder abfärbende) Spitze so am Faden entlang, dass der Faden stets gespannt bleibt. — Geometrisch gestattet der Satz die Konstruktion beliebig vieler Kurvenpunkte (es ist nur ein Dreieck zu konstruieren aus der Basis, einem Basiswinkel und der Summe der beiden andern Seiten). Man schlägt um F mit 2a einen Kreis, verbindet einen beliebigen Punkt φ' des Kreises mit F' und F, zieht zu $F'\varphi'$ die Symmetrieaxe, welche $F\varphi'$ im Kurvenpunkte P schneidet. Diese Axe ist die Tangente in P, denn da sie den Aussenwinkel des Dreiecks FPF' halbiert, so ist, wenn sie die Hauptaxe in T schneidet $F'T : FT = \varrho^1 : \varrho = (a - xe) : (a + xe)$, und somit:

$$\frac{1}{2}(FT + F'T) \text{ (oder } x_0) = a^2 : x' \text{ oder } x_0 x' = a^2,$$

d. h. aber nach § 26 TP ist die Tangente. Wir haben also die Sätze:

Die Gegenpunkte Eines Brennpunkts in Bezug auf alle Tangenten, liegen auf dem um den andern Brennpunkt mit der Hauptaxe geschlagenen Kreise.

Die Fusspunkte aller Lote von den Brennpunkten auf die Tangenten liegen auf dem Hauptkreis.

Diese Sätze geben auch eine einfache Konstruktion der Tangente von einem Punkt Q ausserhalb an die Kurve; man schlägt um Q mit QF' einen Kreis, welcher den um F mit 2a geschlagenen Kreis in φ' und φ' schneidet, so sind die Symmetrieaxen zu $F'\varphi$, bezw. $F'\varphi'$ die Tangenten. (Man kann auch den Hauptkreis benutzen.)

Die Normale in P halbiert den Winkel zwischen den zugehörigen Brennstrahlen.

Von dieser Eigenschaft haben die Brennpunkte ihren Namen, das leiseste in einem Brennpunkt geflüsterte Wort wird im andern vernommen.

IX. Abschnitt.

Die Hyperbel.

§ 29.

Für die Hyperbel war $e > 1$, die Konstruktion von Kurvenpunkten mittelst des Apollonischen Kreises bleibt bestehen, sowie die Gleichungen 1 und 1′ der Ellipse. Da aber $\sqrt{1-e^2}$ imaginär, so setzen wir $\left|\frac{\sqrt{e^2-1}}{e}\right| = B$ und erhalten, wenn man für A und B sofort a und b schreibt

$$1)\quad \frac{x^2}{a^2} - \frac{y^2}{b^2} = 1;\quad 1')\quad a^2 u^2 - b^2 v^2 = -1.$$

Man sieht, die Hyperbel unterscheidet sich von der Ellipse nur dadurch, dass b^2 durch $-b^2$ ersetzt ist, d. h. b durch bi und sie kann als Ellipse mit imaginärer Nebenaxe angesehen werden. Alle Sätze, die wir für die Ellipse errechnet haben, bleiben, abgesehen von der Verwandlung von b^2 in $-b^2$ bestehen, so z. B. ist $a'^2 - b'^2 = a^2 - b^2$ etc. Genau wie die Ellipse als Abbild des Kreises bei Zusammendrückung der Ebene gegen die Hauptaxe im Verhältnis $a : b$ betrachtet werden kann, kann die Hyperbel als Abbild der **gleichseitigen Hyperbel** angesehen werden, d. h. derjenigen, für welche $a = b$ ist; deren Geometrie ganz so elementar wie die des Kreises abgeleitet werden kann (cf. Milinowski: Element.-Synth. Geom. der gleichs. Hyp.)

Entscheidend für die selbständige Behandlung der Hyperbel ist die grosse gestaltliche Verschiedenheit und besonders das Auftreten der Asymptoten. (S. 76.) Zuerst ist klar, dass die Kurve (cf. Fig. 26) ganz ausserhalb (die Ellipse ganz innerhalb) des Parallelo-

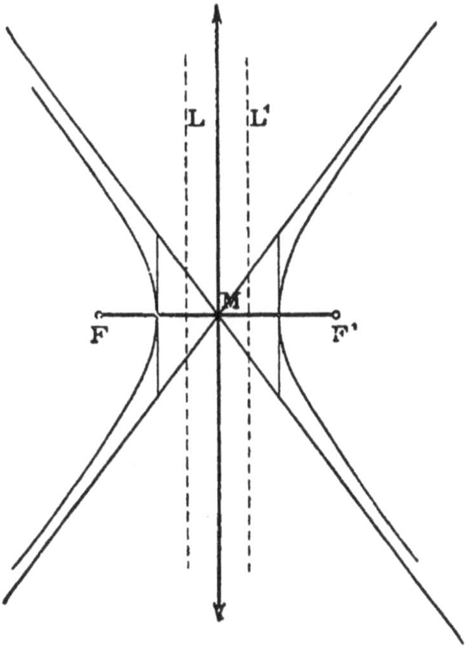

Fig. 26.

gramms $(+a|+b)$; $(-a|+b)$; $(-a|-b)$; $(+a|-b)$ liegt; auch ganz ausserhalb des Streifens zwischen den Geraden $x-a=0$ und $x+a=0$. Die Kurve besteht aus zwei getrennten Zweigen oder Aesten, die sich symmetrisch zu beiden Axen ins Unendliche erstrecken. Die Symmetrie in Bezug auf die Y-Axe verlangt wieder einen zweiten Brennpunkt F' und eine zweite Leitlinie

L'. Die Nebenaxe schneidet die Kurve in zwei imaginären (nicht sichtbaren) Punkten, da wenn $x=0$, $y=\pm bi$ ist ($i=\sqrt{-1}$), man kann daher eigentlich von keiner bestimmten Länge dieses Durchmessers reden, kommt aber überein, 2b als die Länge desselben festzusetzen. Die Asymptoten gehören zu den beiden Scharen Gerader, welche mit L, also auch mit der Y-Axe Winkel w bilden, bestimmt durch $\sin^2 w = e^{-2}$, und daher die Kurve im Endlichen höchstens in Einem Punkt schneiden; die beiden Winkel w ergeben symmetrisch zur Y-Axe, also auch zur X-Axe, liegende Gerade; nennt man die Winkel, welche sie mit der X-Axe bilden, φ und ψ, so ist $\cos^2\varphi$ bezw. $\cos^2\psi = e^{-2}$, d. h. $\operatorname{tg}^2\varphi = \operatorname{tg}^2\psi = \frac{b^2}{a^2}$; wir setzen $\operatorname{tg}\varphi = +\frac{b}{a}$; $\operatorname{tg}\psi = -\frac{b}{a}$. Die Gleichungen der Asymptoten sind also von der Form $\frac{x}{a} \pm \frac{y}{b} + c$. Aus 1) ergiebt sich, da ja für die Asymptoten gar kein Schnittpunkt im Endlichen liegen darf, $c=0$ (ebenso aus S. 76 $\frac{\sigma}{u^2+v^2}=0$), d. h. also $u^2 : v^2 = b^2 : a^2$ und u und $v=\infty$. Die Asymptoten sind also die beiden Geraden der Schar, welche durch M gehen, und in welche die Diagonalen des Parallelogramms $(+a \mid +b)$ etc. hineinfallen (cf. Fig. 27). Die Asymptoten sind also anzusehen als Tangenten in den beiden unendlich fernen Punkten der Hyperbel. Man sieht aus 1') sofort, dass, wenn u und v sehr gross sind, 1 gegen die linke Seite verschwindet, so dass, wenn u und v über jedes Mass gross, 1') übergeht in $a^2u^2 - b^2v^2 = 0$, d. h. also die

Geraden $u = \infty$, $v = \infty$, aber $u^2 : v^2 = b^2 : a^2$, erfüllen die Tangentengleichung. Man kann auch direkt aus 1) sehen, dass wenn x (und y) sehr wachsen, 1 gegen x^2 und y^2 verschwindet, so dass, wenn x (und y) über jedes Mass wachsen, 1) übergeht in $\frac{x^2}{a^2} - \frac{y^2}{b^2} = 0$, d. h. aber $\left(\frac{x}{a} + \frac{y}{b}\right)\left(\frac{x}{a} - \frac{y}{b}\right) = 0$, d. h. also die Hy-

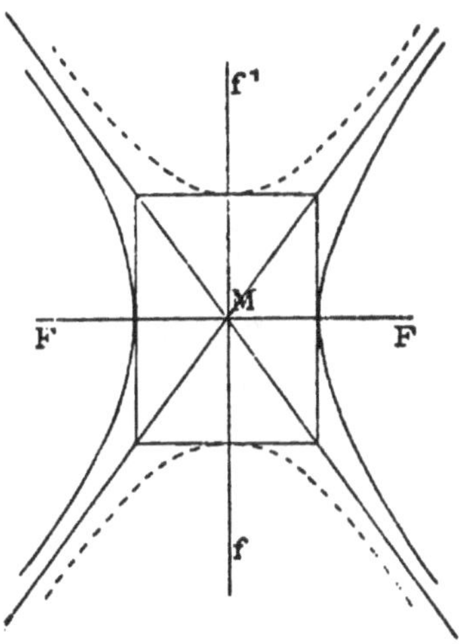

Fig. 27.

perbel geht im Unendlichen über in das System der beiden Geraden 2) $\frac{x}{a} + \frac{y}{b} = 0$; $\frac{x}{a} - \frac{y}{b} = 0$, und das sind die Asymptoten. Wir haben uns den Verlauf so zu denken, dass, wenn ein Punkt vom Scheitel S' aus die Hyperbel durchläuft, so dass er erst auf dem rechten oberen Zweig sich bewegt, er im Unendlichen auf die Asymptote der

Richtung φ gelangt, von da aus in den linken unteren Ast gelangt, zurück zum Scheitel S, auf den linken oberen ins Unendliche, dort die Asymptote der Richtung ψ trifft, auf ihr in den rechten unteren Ast zurück nach S kommt: Die Hyperbelzweige hängen, heisst dies, so zusammen, dass im Unendlichen der rechte obere mit dem linken unteren zusammenhängt, und im zweiten unendlich fernen Punkt der linke obere Ast mit dem rechten unteren.

Man kann das Asymptotenpaar auch ansehen als eine Hyperbel, welche der ursprünglichen ähnliches Abbild vom Centrum M im Grundverhältnis 0 ist. Die Gleichung der ähnlichen Hyperbel für den Massstab δ lässt sich schreiben $\frac{x^2}{a^2} - \frac{y^2}{b^2} = \delta^2$ und geht, wenn $\delta = 0$, über in: $\frac{x^2}{a^2} - \frac{y^2}{b^2} = 0$ oder $\left(\frac{x}{a} + \frac{y}{b}\right)\left(\frac{x}{a} - \frac{y}{b}\right) = 0$, diese Gleichung spaltet sich in $\frac{x}{a} + \frac{y}{b} = 0$ und $\frac{x}{a} - \frac{y}{b} = 0$, und stellt daher die beiden Asymptoten dar. Damit ist gleich bewiesen, dass jede Sehnenschar der Hyperbel auch zwischen den Asymptoten von ihrem konjugierten Durchmesser halbiert wird oder:

Die Abschnitte jeder Sekanten zwischen Hyperbel und Asymptoten sind einander gleich.

Da für ein Paar konjugierter Durchmesser die Beziehung gilt:

$$3)\ \operatorname{tg}\vartheta \operatorname{tg}\vartheta' = \frac{b^2}{a^2}$$

und sowohl $\operatorname{tg}^2\varphi$ als $\operatorname{tg}^2\psi$ gleich $\frac{b^2}{a^2}$ ist, so fällt in jeder Asymptote ein Paar konjugierter Durchmesser zusammen.

Die Axen halbieren die Winkel zwischen den Asymptoten und es ist $\operatorname{tg}^2\varphi$ (bezw. $\operatorname{tg}^2\psi) = \operatorname{tg}\vartheta \operatorname{tg}\vartheta'$; also:

Jedes Paar konjugierter Durchmesser wird durch die Asymptoten harmonisch getrennt.

Man kann dies auch ohne Trigonometrie sofort nachweisen. Die Gleichungen der Asymptoten sind

$$0 = U_1 = y - x\frac{b}{a};\ 0 = U_2 = y + x\frac{b}{a}.$$

Die eines Paars konjugierter Durchmesser:

$$0 = U_3 = y - x \operatorname{tg}\vartheta;\ 0 = U_4 = y - x \operatorname{tg}\vartheta'$$

Da sie alle 4 durch M gehen, so ist

$$U_3 = U_1 - \lambda U_2;\ U_4 = U_1 - \mu U_2,$$

$$\text{also } \operatorname{tg}\vartheta = \frac{b}{a}\left(\frac{1+\lambda}{1-\lambda}\right),\ \operatorname{tg}\vartheta' = \frac{b}{a}\left(\frac{1+\mu}{1-\mu}\right)$$

und weil $\operatorname{tg}\vartheta \operatorname{tg}\vartheta' = \frac{b^2}{a^2}$ muss $\lambda = -\mu$ sein, d. h. aber die 4 Geraden bilden ein harmonisches Büschel (nach § 8). Damit ist aber bewiesen, dass alle Sehnen zwischen den Asymptoten von ihren Durchmessern halbiert werden, also auch

Alle Tangenten werden zwischen den Asymptoten im Berührungspunkt gehälftet.

Die Durchmesser der Hyperbel bilden also eine Involution, deren Hauptstrahlen die Asymp-

toten sind, auch die Durchmesser der Ellipse sind, wenn man je einen Durchmesser um die kleine Axe klappt, harmonisch zu den beiden gleichen Durchmessern; auch eine solche Anordnung eines Strahlenbüschels heisst Involution, die erste *hyperbolische*, die zweite *Elliptische*.

Da $\operatorname{tg}\vartheta \operatorname{tg}\vartheta' = \frac{b^2}{a^2}$, so sind ϑ und ϑ' entweder *beide* spitze oder *beide* stumpfe Winkel, d. h. die positiven Zweige eines Paares konjugierter Durchmesser liegen stets auf derselben Seite von $+X$ bezw. $+Y$; ist $|\operatorname{tg}\vartheta| < \left|\frac{b}{a}\right|$, so ist $|\operatorname{tg}\vartheta'| > \left|\frac{b}{a}\right|$ und v. v.; wir wollen aber *stets* die Richtungswinkel für welche $|\operatorname{tg}\vartheta| < \left|\frac{b}{a}\right|$ mit ϑ und die andern mit ϑ' bezeichnen. Die Bedingung, dass eine Gerade die Hyperbel schneide, ist (S. 75) $\sigma^2 - \varrho\tau > 0$, also hier $u^2a^2 - v^2b^2 - 1 < 0$, und für die Geraden durch M für die u und v über jedes Mass gross, geht sie über in $u^2a^3 - v^2b^2 < 0$, d. h. $\left|\frac{u}{v}\right| < \left|\frac{b}{a}\right|$ also:

Nur die Durchmesser der Schar ϑ schneiden die Hyperbel.

Die Durchmesser der Schar ϑ' schneiden nicht in reellen Punkten, sie werden von der anderen Schar durch die Asymptoten getrennt, und es ist für ihre Endpunkte $x' = b'\cos\vartheta'$; $y = b'\sin\vartheta'$, also: $\frac{\cos^2\vartheta'}{a^2} - \frac{\sin^2\vartheta'}{b^2} = \frac{1}{b'^2} = \frac{-1}{\beta^2}$, also $b' = \beta\iota$. Es haben also nur die Durchmesser der Schar ϑ bestimmte Länge $2a'$, wir setzen fest, dass die anderen die Länge 2β haben. Man sieht, dass die Durchmesser der Schar ϑ die Asymptotenwinkel ausfüllen, welche von der Hauptaxe halbiert werden, in denen die Hyperbel liegt, während die Durchmesser der Schar ϑ' die Winkel, welche von der Nebenaxe halbiert werden, ausfüllen. Wächst ϑ von 0 bis φ, so nimmt ϑ' ab von 90 bis φ; nimmt ϑ' zu von 90 (genauer $90+0$) bis ψ, so nimmt ϑ ab von 180 bis ψ. Man sieht ferner:

Die Geraden, welche einen Durchmesser der Schar ϑ parallel sind, schneiden beide Aeste der Hyperbel; die Geraden, welche einem Durchmesser der Schar ϑ' parallel sind, schneiden oder berühren nur Einen Ast oder schneiden gar nicht.

In der gleichseitigen Hyperbel, für welche $e^2=2$, und $b=a$ ist, stehen die Asymptoten aufeinander senkrecht, alle Durchmesser haben gleiche Länge, $\vartheta+\vartheta'$ ist 90 oder 270 (im Kreis $\vartheta'-\vartheta=90$).

Trägt man auf den Durchmessern der Schar ϑ' nach beiden Seiten von M aus ihre Halblängen β ab, so erhält man Punkte, für welche $x^2=\beta^2\cos^2\vartheta'$; $y^2=\beta^2\sin^2\vartheta'$, sie genügen also der Gleichung

$$\frac{x^2}{a^2}-\frac{y^2}{b^2}=-1 \text{ oder } \frac{y^2}{b^2}-\frac{x^2}{a^2}=1.$$

Diese Punkte bilden also eine Hyperbel, für welche die alte Hauptaxe zur Nebenaxe, die Nebenaxe zur Hauptaxe geworden sind, sie heisst die konjugierte Hyperbel, liegt ganz im Nebenwinkelraum $180-2\varphi$, die Figur 27 stellt sie punktiert dar, ihre konjugierten Durchmesser sind dieselben, wie die der Schar ϑ', die Nebendurchmesser der gegebenen sind zu schneidenden, zu Hauptdurchmessern geworden, und umgekehrt; die Beziehung ist eine gegenseitige. Die Brennpunkte behalten ihren Abstand von M, da $a^2 e^2 = a^2 + b^2$ ist, sich also durch Vertauschung von a und b nicht ändert. Die Sätze über die ein- und umgeschriebenen Parallelogramme der Ellipse behalten ihre Giltigkeit, wenn man die Endpunkte der Nebendurchmesser durch die betreffenden Punkte der konjugierten Hyperbel ersetzt.

Die Brennpunktseigenschaften ändern sich gegen die der Ellipse nur insofern, als z. B. für den ersten Ast $\varrho' = xe - a$; $\varrho = xe + a$, also $\varrho' - \varrho = 2a$, d. h.:

Für die Hyperbel ist die Differenz der Brennstrahlen konstant.

Im übrigen bleiben die Sätze des § 28 bestehen, nur halbiert die Tangente den nach der Kurve gerichteten Winkel der Brennstrahlen.

§ 30. Quadratur.

Transformiert man die Hyperbel auf die Asymptoten als Axen und so, dass als $+X'$ der rechte untere Strahl der Asymptoten, und als $+Y'$ der rechte obere Strahl dient, so ist in den Formeln der § 14 $\bar{\alpha}$ gleich $360 - \varphi$, $\bar{\beta}$ gleich φ zu setzen, somit:

$x = (x' + y') \cos \varphi$; $y = (y' - x') \sin \varphi$, und da $\frac{\cos^2 \varphi}{a^2}$ $= \frac{\sin^2 \varphi}{b^2} = \frac{1}{a^2 b +}$, so ergiebt sich aus 1

$$4) \quad x' y' = \frac{a^2 + b^2}{4} = c^2$$

als Gleichung der Hyperbel, bezogen auf die Asymptoten als Axen; es ist die denkbar einfachste Gestalt einer quadratischen Form, und da $c^2 \sin 2\varphi$ so gut konstant ist wie c^2, so sagt sie aus:

Zieht man durch einen Punkt der Hyperbel die Parallelen zu den Asymptoten, so schliessen sie mit den Abschnitten auf den Asymptoten Parallelogramme von konstantem Inhalt ein.

Da der Berührungspunkt jeder Tangente zwischen den Asymptoten in der Mitte liegt, so kann man auch sagen:

Jede Tangente schneidet von dem Asymptotenwinkel ein Dreieck von konstantem Inhalt ab.

Da das Dreieck einer Scheiteltangente die Fläche ab hat, so haben alle diese Fläche, und man sieht ohne Rechnung, dass $c^2 \sin 2\varphi = \frac{1}{2} ab$.

Man kann auch sagen:

Bewegt sich eine Gerade so, dass sie von einem festen Winkel ein Dreieck von festem Inhalt abschneidet, so umhüllt sie eine Hyperbel.

Da die ganzen Parallelogramme flächengleich sind, so sind auch ihre Hälften gleich, d. h. also die Dreiecke MRC und MAP und MBQ (Fig. 28) sind flächengleich.

Damit folgt der Satz:

Der Hyperbelsektor MPR ist flächengleich dem Flächenstück zwischen seinem Bogen, der einen Asymptote, und den Parallelen durch die Endpunkte des Bogens zur andern CRPA.

Dies Flächenstück bezeichnen wir als Hyperbeltrapez T und quadrieren es und damit den Sector wie folgt:

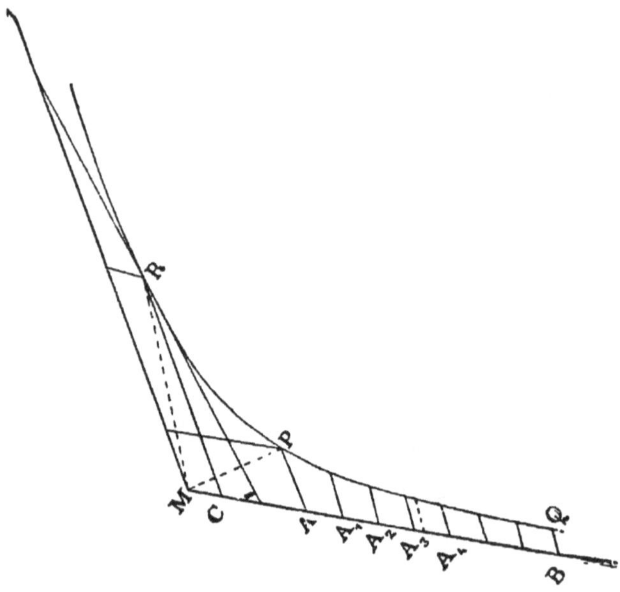

Fig. 28.

Es sei Fig. 28 $MA=\alpha$, $MB=\beta$, $AB=\beta-\alpha=d$.

Man denke sich AB in n gleiche Teile geteilt, die Teilpunkte seien A_1, A_2 etc., die Abscissen MA_1; MA_2 etc. seien x_1, x_2 etc., die zugehörigen Ordinaten y_1, y_2 etc., und die Kurvenpunkte P_1, P_2 etc. Da die Abscissen x von A nach B beständig wachsen, und $xy=c^2$, so müssen die Ordinaten beständig fallen. Der Inhalt jedes Hyperbeltrapez, z. B. des k ten, liegt zwischen den Parallelogrammen aus Strecke $A_{k-1}A_k$ und y_{k-1} bezw. $A_{k-1}A_k$ und y_k. Sei T_k das Trapez, so haben wir, wenn $d:n=\delta$

$$y_{k-1}\,\delta\sin 2\varphi > T_k > y_k\,\delta\sin 2\varphi;$$

somit muss es im Innern von T_k einen Punkt Q_k $\{(\xi_k|\eta_k)$ geben, so dass $\eta_k\,\delta\sin 2\varphi = T_k$ ist.

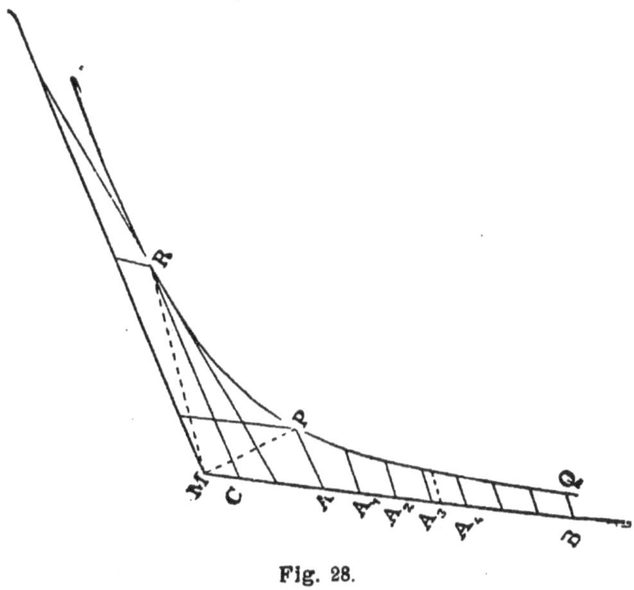

Fig. 28.

Wird die Anzahl n ins Grenzenlose vermehrt, so fallen A_{k-1} und A_k, y_{k-1} und y_k mehr und mehr zusammen, schliesslich ist es erlaubt, jeden Zwischenwert zwischen y_k und y_{k-1} als η_k zu brauchen. Es ist aber sowohl $y_k = c^2 x_k^{-1}$ als $\eta_k = c^2 \xi_k^{-1}$ und somit ist

$$T = \sum_1^n T_k = \sum_1^n \frac{c^2}{\xi_k}\,\delta\sin 2\varphi = c^2\sin 2\varphi \sum_1^n \frac{\delta}{\xi_k}.$$

Wir behaupten nun, dass, wenn wir $\frac{d}{n\xi_k} = \log \frac{x_k}{x_{k-1}}$ setzen, ξ_k stets zwischen x_{k-1} und x_k, und somit auch η_k zwischen y_k und y_{k-1} fällt. Es ist $x_k : x_{k-1} = 1 + \frac{d}{n\alpha + (k-1)d} = 1 + z$, also $\log \frac{x_k}{x_{k-1}} = \log(1+z) = z - \frac{z^2}{2} + \frac{z^3}{3} \ldots$ also $\log(1+z)$ kleiner als z, also ξ_k grösser $\frac{d}{nz}$; $\xi_k > \alpha + (k-1)\frac{d}{n}$; $\xi_k > x_{k-1}$.

Andererseits ist $\log(1+z)$ grösser als $z - \frac{z^2}{2}$, also erst recht grösser $\frac{d}{n\alpha + kd}$, wenn $n\alpha + k > 2$, d. h. α merklich von 0 verschieden, also

$$\frac{d}{n\xi_k} > \frac{d}{n\alpha + kd} \text{ oder } \xi_k < x_k.$$

Damit ist bewiesen: setzt man $\frac{d}{n\xi_k} = \log \frac{x_k}{x_{k-1}}$ und ist n hinlänglich gross und α von 0 merklich verschieden, so liegt η_k zwischen y_k und y_{k-1}. Lässt man nun n unendlich werden, so ist

$$\sum_1^n T_k = c^2 \sin 2\varphi \left(\log \frac{x_1}{\alpha} + \log \frac{x_2}{x_1} + \log \frac{x_3}{x_2} + \ldots \log \frac{\beta}{x_{n-1}}\right) = c^2 \sin 2\varphi \log \frac{\beta}{\alpha} = T.$$

Wir haben das wichtige Resultat:

Das Hyperbeltrapez ist gleich dem halben Rechteck aus den halben Hauptaxen multipliziert mit der Differenz der Logarithmen der Abscissen oder Ordinaten der Endpunkte.

Der Hyperbelsector ist gleich dem halben Rechteck aus den halben Hauptaxen multipliziert mit der Differenz der Logarithmen der Projektionen der Radien auf die eine Asymptote in der Richtung der anderen.

§ 31. Die Sätze von Pascal und Brianchon.

Setzt man in die Ortsgleichung 1 § 19 der Kegelschnitte die Koordinaten eines beliebigen, also im Allgemeinen ortsfremden Punktes $P\{(x|y)$ ein, so heisst der Wert von

$$PF^2 - e^2 PA^2 = (x-a)^2 + (y-b)^2 - \frac{e^2}{u_0^2 + v_0^2}(u_0 x + v_0 y - 1)^2$$

die Potenz des Punktes P in Bezug auf die Kurve 1, und werde mit K (P), auch blos mit K bezeichnet.

Legt man durch P irgend eine Sehne, welche die Kurve (reell oder imaginär) in den Punkten C $\{(x_1|y_1)$ und D $\{(x_2|y_2)$ schneidet, und macht P zum Nullpunkt und PC zu $+X$, so ist $PC.PD = x_1 x_2 = \tau : \varrho$ (§ 20 Seite 83).

Da $v = \infty$, so ist $\tau : \varrho = (1 - \gamma(a^2 + b^2)) : (u_0^2 - \gamma) = \frac{(a^2 + b^2 - \gamma^{-1})}{1 - u_0^2 \gamma^{-1}}$. Erinnert man sich, dass $\frac{1}{u_0^2 + v_0^2} = \delta_0^2 = PA^2$ ist, sowie dass $a^2 + b^2 = PF^2$, so ist

$$1)\quad x_1 x_2 = \frac{PF^2 - e^2 PA^2}{1 - u_0^2 e^2 \delta^2} = \frac{K(P)}{1 - e^2 \sin^2 w}$$

wo w den Winkel bezeichnet, den die Leitlinie L mit PC bildet. Wir haben den Potenzsatz:

Das Rechteck aus den Abschnitten aller durch denselben Punkt P gehenden Sehnen ist gleich der Potenz des Punktes P, multipliziert mit einem Faktor, der nur von der Sehne als gerader Linie abhängt.

Ist $|PF| > e|PA|$, so sagt man, P liegt ausserhalb der Kurve, dann ist K (P) positiv, C und D liegen, wenn reell, an derselben Seite von P, ist K (P) negativ, so liegt P zwischen C und D; $x_1 x_2$ ist negativ. Für den Kreis wird $x_1 x_2 = PF^2 - r^2 = MP^2 - r^2$, ist also, wie bekannt, für alle durch P gehende Sehnen konstant. Für die Parabel ist $e = 1$, somit

1) $PC.PD = \frac{K}{\cos^2 w} = \frac{K}{\sin^2 \beta}$. Es war aber (§ 21 S. 103) $\sin^2 \beta = \frac{p}{p'}$, also $PC.PD = \frac{p'K}{p}$. Es ist aber leicht zu zeigen, dass, wenn S der Scheitel des durch P gehenden Durchmessers, also $SA = SF$ ist: $PF^2 - PA^2 = K(P) = 2pp''$, wo $p'' = PS$ (also positiv, wenn P ausserhalb), also

$$PC.PD = 2p'p'',$$

wie schon im Abschnitt VII § 25 bewiesen; wir haben dazu den Satz:

Die Potenz eines Punktes in Bezug auf eine Parabel ist gleich dem doppelten Produkt aus dem Parameter der Kurve und dem Abstand des Punktes vom Scheitel seines Durchmessers.

Bezeichnet ϑ wieder den Winkel des der Sehne parallelen Durchmessers mit der Hauptaxe der Ellipse oder Hyperbel, so ist $\sin^2 w = \cos^2 \vartheta$, und somit für die Centralkegelschnitte:

$$x_1 x_2 = \frac{K(P)}{1 - e^2 \cos^2 \vartheta}.$$

Es ist aber $1 - e^2 \cos^2 \vartheta$ bezw. $e^2 \cos^2 \vartheta - 1$ nach 5) § 27 gleich $b^2 a^{\prime -2}$, wo a' den Halbmesser bezeichnet, welcher der Sehne CD parallel ist; also für die Ellipse:

$$x_1 x_2 = \frac{K(P) a'^2}{b^2}.$$

Zieht man durch P den Durchmesser, der die Kurve in C′ und D′ schneidet und bezeichnet PC′ mit ξ_1 und PD′ mit ξ_2, so ist

$$\xi_1 \xi_2 = \frac{K(P) CM^2}{b^2}$$

$[CM] = [DM]$ werde mit p bezeichnet, so ist $\xi_1 \xi_2 = PM^2 - p^2 = d^2 - p^2$, und somit

$$2) \quad x_1 . x^2 = \frac{(d^2 - p^2)}{p^2} a'^2.$$

Diese Formel gilt auch für die Hyperbel; also:

Das Produkt aus den Abschnitten einer durch den Punkt P gehenden Sehne eines Centralkegelschnitts ist gleich dem Produkt aus den Abschnitten des zu P gehörigen Durchmessers multipliziert mit dem Verhältnis der Quadrate des der Sehne parallelen und des zu P gehörigen Durchmessers.

Die Rechtecke aus den Abschnitten aller durch P gehenden Sehnen verhalten sich wie die Quadrate der den Sehnen parallelen Durchmesser.

Das Verhältnis dieser Rechtecke bleibt ungeändert, wenn die Sehnen parallel verschoben werden.

Diese Sätze gelten auch für die von P gezogenen Tangenten (ohne Rücksicht, ob P aussen oder innen liegt).

Das Wesentliche ist, dass das Rechteck aus den Abschnitten aller durch P gehenden Sehnen s die Form hat $\varphi(P) f(s)$ wo die Funktion φ allein vom Punkt P, die Funktion f allein von der Sehne als Geraden abhängt.

Seien (Fig. 29) A_1; A_2; A_3; A_4; A_5; A_6 irgend 6 Punkte eines Kegelschnittes, es werde für dieselben eine bestimmte Reihenfolge z. B. die angegebene festgesetzt und die Punkte in dieser Reihenfolge zu einem Sehnensechseck verbunden. Es werden Punkte, deren Index um 3 verschieden ist, als Gegenpunkte bezeichnet, wobei $6 = 0$ gesetzt wird, also $A_{6+3} = A_3$, $A_{5+3} = A_2$ etc. Seiten, deren Ecken paarweise Gegenpunkte sind, also $A_6 A_1$ und $A_3 A_4$; $A_1 A_2$ und $A_4 A_5$; $A_2 A_3$ und $A_5 A_6$ heissen Gegenseiten. Der Schnittpunkt eines Paares Gegenseiten heisst Hauptschnittpunkt. Entsprechend ist die Bezeichnung, wenn man statt von 6 Punkten von 6 Geraden $a_1 \ldots a_6$ ausgeht, dann heissen die Verbindungsgeraden eines Paares von Gegenpunkten Hauptdiagonalen.

Wir betrachten irgend ein Dreieck, dessen Seiten drei nicht in einer Ecke zusammenhängende Seiten des Sehnensechsecks sind wie $A_6 A_1$; $A_2 A_3$; $A_4 A_5$; es sei U V W.

Für dieses Dreieck ist jede der 3 übrigen Seiten eine Transversale und daher nach dem Menelaos (§ 8 S. 43).

$$UA_1 . VA_2 . WP = WA_1 . UA_2 . VP$$
$$UR . VA_3 . WA_4 = WR . UA_3 . VA_4$$
$$UA_6 . VQ . WA_5 = WA_6 . UQ . VA_5.$$

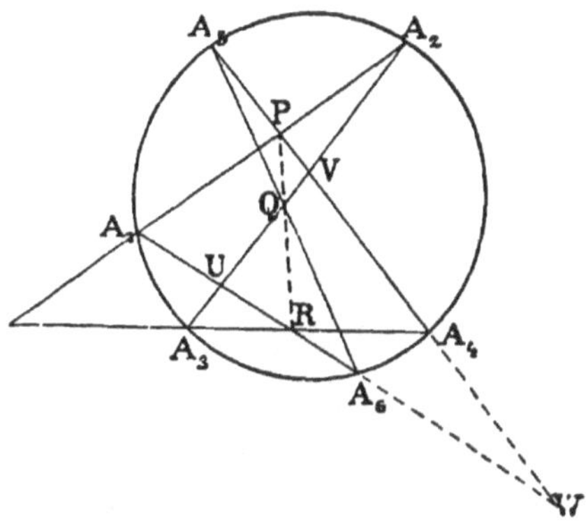

Fig. 29.

Multipliziert man diese 3 Gleichungen und benutzt den Potenzsatz, wonach z. B. $UA_1 \, UA_6 . = \varphi(U) f(A_1 A_6)$ und $UA_2 . UA_3 = \varphi(U) f(A_2 A_3)$, so heben sich alle 3 Faktoren φ und alle 3 Faktoren f und man hat

3) $UR . VQ . WP = WR . UQ . VP$,

d. h. nach der Umkehr des Menelaos:

Die 3 Hauptschnittpunkte eines Sehnensechsecks eines Kegelschnitts liegen in Einer Geraden.

Dieser Hauptsatz heisst nach seinem Entdecker der **Pascal'sche Satz** (kurz: der Pascal); Pascal soll aus ihm über 400 Folgesätze hergeleitet haben, und gründete auf ihn die ganze Lehre von den Kegelschnitten.

Der französische Artilleriekapitän Brianchon wandte auf den Pascal 1806 die damals gerade durch Poncelet eingeführte Polarisation (cf. § 19) an, und erhielt sofort den nach ihm benannten dualen Satz zum Pascal den Satz des Brianchon:

In jedem Tangentensechseck eines Kegelschnitts schneiden sich die drei Hauptdiagonalen in Einem Punkt.

Sein Beweis beruht darauf, dass wenn der Kegelschnitt selbst als Polarisationskurve benutzt wird, die Polaren von A_1 bis A_6 die Tangenten a_1 bis a_6 in A_1 bis A_6 sind. Die Ecken des Tangentensechsecks sind die Pole zu den Seiten des Sehnensechsecks, die Hauptdiagonalen jenes die Polaren zu den Hauptschnittpunkten dieses, und wenn die Pole in Einer Geraden liegen, so schneiden sich (§ 19) die Polaren in Einem Punkte.

Die Gerade PQR der Fig. 29 heisst Pascal'sche Gerade, der Schnittpunkt der Hauptdiagonalen Brianchon'scher Punkt. Die sechs Punkte bezw. Tangenten gestatten $6! = 720$ verschiedene Anordnungen, da aber das Sechseck (bezw. Sechsseit) sich durch cyklische Vertauschung seiner Ecken, d. h. eine solche, bei der jeder Punkt seine Nachbarn behält, sich nicht ändert, und ebensowenig, wenn man die ganze Folge umkehrt, d. h. das Sechseck rückwärts durchläuft, so ergeben die 6 Punkte 60 Pascal'sche 6-Ecke und damit 60 Pascal'sche Geraden und die 6 Tangenten 60 Brianchon'sche Punkte.

Die Folgerungen aus Pascal und Brianchon finden sich zusammengestellt in Reye's Geometrie der Lage 7. Vortrag; spezielle Fälle haben wir schon im § 19 gegeben, wenn zwei oder drei Paar Punkte zusammenfallen, also das Sechseck zum Viereck bezw. Dreieck wird. Zunächst sind die Sätze umkehrbar:

Ist ein Sechseck ein Pascal'sches bezw. Brianchon'sches, so liegen seine 6 Ecken (Seiten) auf (an) Einem Kegelschnitt.

Der Beweis beruht darauf, dass die Gleichungen 1 und 2 je 5 Konstanten enthalten, welehe durch die Koordinaten von 5 Punkten bezw. 5 Geraden generaliter linear bestimmt sind. Einen eigentlichen Kegelschnitt erhält man nur, wenn keine 3 Punkte in Einer Geraden liegen.

Die beiden grossen Sätze gestatten, wenn 5 Punkte bezw. 5 Tangenten eines Kegelschnitts gegeben sind, den 6. Punkt bezw. die 6. Tangente mit dem Lineal zu konstruieren, und damit alle.

Man hat z. B. für die erstere Aufgabe nur nötig $A_1 A_2$ und $A_4 A_5$ zum Durchschnitt in Q zu bringen, durch Q eine beliebige Gerade (als Pascal'sche) zu ziehen, $A_3 A_4$ schneidet sie in P_1, $A_2 A_3$ in R_1, dann schneiden sich $A_1 P$ und $A_5 R$ in A_6 auf der Kurve.

Ebenso lässt sich mit dem Lineal, wenn 5 Punkte gegeben sind, in Einem von ihnen z. B. A_5 die Tangente konstruieren bezw. wenn 5 Tangenten gegeben sind, auf Einer von ihnen z. B. a_5 der Berührungspunkt finden. Man braucht nur $A_1 \ldots A_5$ als Pascal'sches Sechseck zu betrachten, bei dem A_6 und A_5 zusammenfällt, bezw. $a_1 \ldots a_5$ als Brianchon'sches. Man kombiniert $A_1 A_2$

und $A_4 A_5$ zu Q, $A_3 A_4$ und $A_5 =_6 A_1$ zu P, PQ schneidet $A_2 A_3$ in R, so ist $R A_5$ die Tangente.

Man kann auch 4 Punkte geben und die Tangente in Einem von ihnen, oder 3 Punkte und die Tangenten in zweien bezw. 4 Tangenten und den Berührungspunkt auf Einer etc.

Dass der Kreis schon durch 3 Punkte bestimmt ist, liegt daran, dass alle Kreise (§ 16) durch dieselben beiden unendlich fernen imaginären Punkte gehen, ebenso ist bei der Parabel stets Ein Bestimmungsstück die unendlich ferne Gerade als Tangente gegeben.

§ 32. **Konfokale Kegelschnitte.**

Ist $a^2 > b^2$ und sind die Axen rechtwinklig, so stellt die Gleichung

$$1) \quad \frac{x^2}{a^2 - p} + \frac{y^2}{b^2 - p} = 1$$

wo p ein veränderlicher Parameter ist, eine unendliche Reihe zentraler C^2 dar, welche mit der gegebenen Ellipse deren Hauptaxen a und b sind, dieselben Brennpunkte $x = \pm \sqrt{a^2 - b^2}$, $y = 0$ haben, sie heissen konfokal.

Ist 1) $p = -\infty$, so stellt 1) nach § 12 Formel 7a die unendlich ferne Gerade dar.

Ist 2) p zwischen $-\infty$ und b^2, so liefert 1) Ellipsen.

Ist 3) $p = b^2$, so versagt 1), multipliziert man mit Herrn Staude die Grundgleichung mit dem Faktor $(a^2 - p)(b^2 - p)$, so stellt sie in diesem Uebergangsfalle, wenn wir uns p als Grenze von $b^2 - \varepsilon$ denken, die (doppelt zu denkende) endliche Strecke zwischen den

Brennpunkten F und F_1 dar, und wenn p als Grenze von $b^2+\varepsilon$ angesehen wird, die unendliche Strecke FF_1.

4) p zwischen b^2 und a^2: Hyperbeln.

5) p gleich a^2: die (doppelt zu denkende) y-Axe. Fig. a.

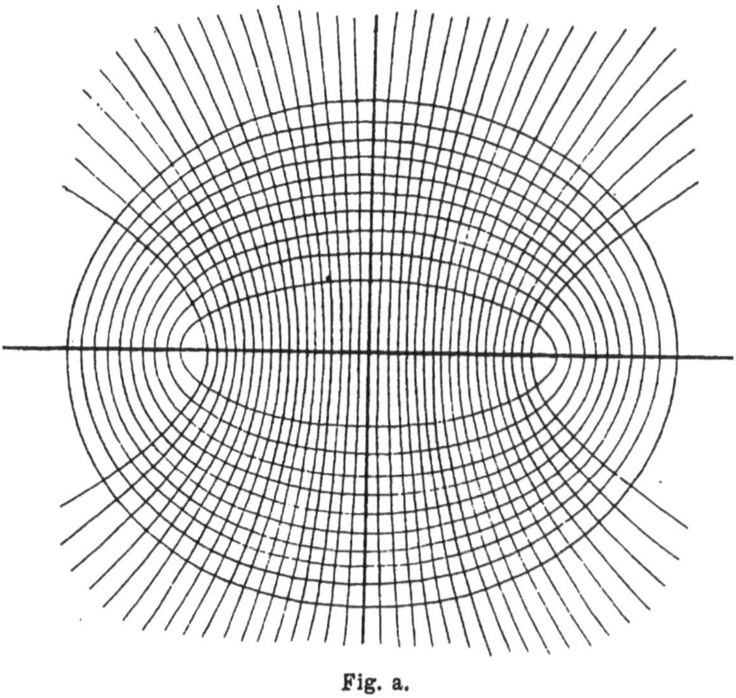

Fig. a.

Die Gleichung 1) $\{$ mit $L=(a^2-p)\,(b^2-p)-x^2(b^2-p)-y^2(a^2-p)=0$, ist für p, wenn x und y gegeben sind, vom 2. Grade. Sie erniedrigt sich nur für die Brennpunkte: Für $p=-\infty$ ist $L>0$, für $p=b^2$ ist L negativ, für $p=a^2$ ist L positiv und bleibt es für $p>a^2$. Es liegt also eine Wurzel zwischen $+\alpha$ und $+b^2$, eine zweite zwischen b^2 und a^2, wobei es vorkommen kann, dass die Grenze b^2 mit der Wurzel zusammenfällt. Nehmen wir also die endliche Strecke FF_1 als Ellipse, die unendliche als Hyperbel an, so haben wir den Satz:

Durch jeden reellen Punkt der Ebene geht von jeder Gattung der konfokalen Schar je eine Kurve.

Der Augenschein der Fig. a zeigt: Zwei konfokale Kurven derselben Art schneiden einander nicht. Zwei konfokale Kurven verschiedener Art schneiden sich stets.

Wir wollen den 2. Satz rechnerisch beweisen. Es sei $\alpha\{$

$$\frac{x^2}{a^2-p}+\frac{y^2}{b^2-p}=1$$

eine Ellipse, d. h. p zwischen $-\alpha$ und b^2 β), wo für p die Letter q eintritt, die Hyperbel, d. h. q zwischen b^2 und a^2, so giebt die Subtraktion von α und β

$$2)\quad \frac{x^2}{(a^2-p)\,(a^2-q)}+\frac{y^2}{(b^2-p)\,(b^2-q)}=0.$$

Aus 2) folgt $y^2=x^2\mu$, wo $\mu>0$, dann giebt $\alpha): x^2\lambda=1$, wo $\lambda>1$; also giebt es stets 4 reelle, zu den Hauptaxen symmetrische Schnittpunkte.

Die Gleichung 2) giebt unmittelbar den Hauptsatz: Zwei konfokale Kegelschnitte schneiden sich stets rechtwinklig.

Die einfach unendliche Schar konfokaler C^2, gehört also zu den Kurvensystemen, welche die Ebene mit unendlich kleinen Rechtecken überziehen.

Da zu jedem Punkt P ein Wert des p und q gehört, so kann man p und q als Koordinaten des Punktes P ansehen, es sind dies die von Lamé eingeführten Elliptischen Koordinaten.

Da für die ganze Schar die Brennstrahlen konstant bleiben, so gilt:

Die Tangenten an zwei Kurven der Schar vom selben Punkt Q aus schliessen paarweise gleiche Winkel ein und als Spezialfall:

Die Tangente in P an eine durch P gehende Kurve der Schar schliesst mit den beiden Tangenten von P an eine beliebige Kurve der Schar gleiche Winkel ein. Hieraus folgern wir den

Graves'schen Satz: Bewegt sich P auf einer zu einer gegebenen Ellipse konfokalen, so bleibt die Summe der Tangenten und des grösseren Ellipsenbogens zwischen den Berührungspunkten konstant.

Fig. b. Wenn sich P unmerklich auf der konfokalen Ellipse nach Q verschiebt, so kann PQ als Tangente an diese in P und in Q angesehen werden und macht mit der Tangente von P bezw. Q an die gegebene Ellipse gleiche Winkel α resp. β, also sind in den Dreiecken PQS und PQT' die Differenzen der Basiswinkel gleich. Daraus folgt leicht, dass S in T' sich auf derselben gleichseitigen Hyperbel bewegen, deren Brennpunkte P und Q sind, also

$$PT'-QT'=QS-PS$$
$$PS+PS'+S'T'=QT'+QT+TS$$

Bogen T'S gleich Bogen ST', also

$$PS + PS' + \widehat{SS'} = QT + QT' + \widehat{TT'}.$$

Man erhält also die konfokalen Ellipsen, welche grösser als die gegebene sind, durch eine der gewöhnlichen Fadenkonstruktion ganz analoge.

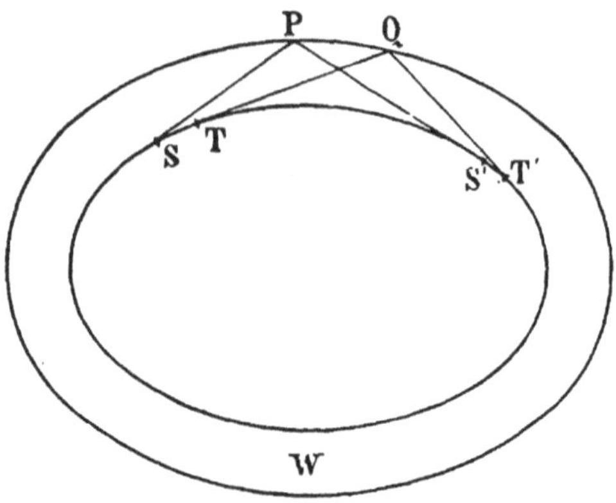

Fig. b.

Da auch die Tangente um die konfokale Hyperbel durch P die Winkel zwischen den Tangenten von P an die konfokale gegebene Ellipse halbiert, so haben wir hier $PS' - PS - (QT - QT') = TT' - SS'$ und damit den Satz:

Die Differenz der beiden Paare Tangenten von zwei Punkten P und Q einer konfokalen Hyperbel ist gleich der Differenz der Bogen zwischen je zwei nebeneinander liegende Berührungspunkten.

Lässt man Q mit S zusammenfallen, dann sind QT und $QT' = 0$, und wir finden:

Schneidet die konfokale Hyperbel durch P die gegebene Ellipse in S, so ist die Differenz der Tangenten PB—PA= der Differenz der Bogen SB und SA.

Mit diesem Satz beginnt historisch die Theorie der elliptischen Funktionen in dem von Fagnano gegebenen Spezialfall:

Der Ellipsenquadrant lässt sich stets so teilen, dass die Differenz der Bogen gleich der Differenz a—b der Halbaxen, also gleich einer Strecke ist.

Konfokale Parabeln haben, da der zweite Brennpunkt auch auf der Axe (im Unendlichen) liegt, Axe und Brennpunkt gemeinsam, ein solches System ist gegeben durch $y^2 = 2px + p^2$, wo p variabel, es hat ganz analoge Eigenschaften, die wir dem Leser abzuleiten überlassen.

§ 33. Die Kegelschnitte als Schnitte des Kegels.

Schon Apollonius v. Pergae (etwa 250 v. Chr.) hat die Kegelschnitte unter dem gemeinsamen Gesichtspunkt der Schnitte eines Kreiskegels durch eine Ebene aufgefasst, und diese Auffassung ward die Grundlage der projektiven Geometrie Poncelets. — Es ist elementargeometrisch ohne weiteres klar, dass die Schnittkurve von keiner Geraden in mehr als zwei Punkten getroffen werden kann und damit, dass sie ein Kegelschnitt.

ASB sei der Hauptschnitt eines beliebigen Kreiskegels mit der Spitze S, d. h. der Schnitt durch S und die Mitte des Grundkreis, welcher auf der Ebene des Grundkreis senkrecht steht. Es werde durch den

Kegel ein Schnitt senkrecht zur Ebene ASB und parallel SB geführt (Fig. 30); durch einen beliebigen Punkt P der Schnittkurve werde die Parallelebene zum Grundkreis gelegt, welche SA in A, SB in B und den Kegel in dem Kreis $APBP^1$ schneidet. Es steht alsdann PDP^1 als Schnittgerade zweier Normalebenen auf ASB senkrecht. PD werde mit y, OD mit x,

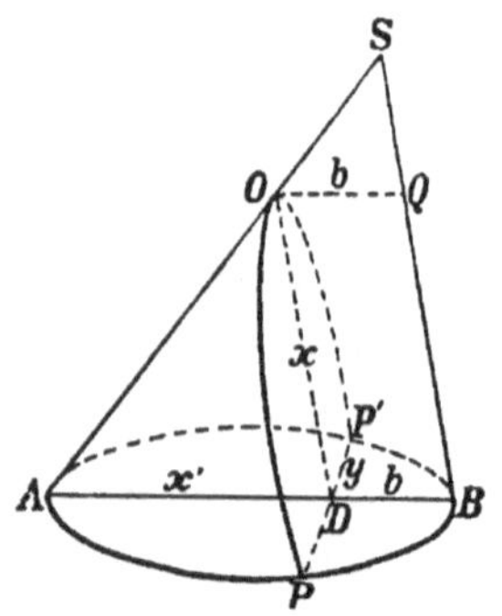

Fig. 30.

AD mit x^1 bezeichnet, $\sphericalangle SAB = \alpha$, $\sphericalangle ASB = \sigma$, alsdann ist nach dem Potenzsatz: $y^2 = x^1 DB$, aber DB ist konstant und als Parallele zwischen Parallele gleich der durch O zu AB gezogenen Parallele OQ (gleich b), somit $x^1 : x = \sin\sigma : \sin\alpha$, also

$$y^2 = xb\frac{\sin\sigma}{\sin\alpha} = 2px$$

d. h. die Schnittkurve ist eine Parabel.

O ist der Scheitel, den Brennpunkt findet man, wenn man in Q an OQ Winkel σ anlegt, so dass der freie Schenkel OD in G trifft, die Mitte von OG ist F. Ist der Kegel ein Rotations- oder Gerader Kegel, so ist F der Fusspunkt des von Q auf OD gefällten

Lothes. Dann ist $OS = \frac{p}{1 - \cos\sigma}$ d. h. der Ort von S ist, wenn die Parabel gegeben ist, eine Parabel, deren Brennpunkt O ist, deren Parameter p und die in der Ebene liegt, welche durch die Axe der Parabel senkrecht zur Parabelebene gelegt ist.

Ist der Schnitt ASB ein beliebiger Axenschnitt, d. h. durch die Linie, welche S mit der Mitte des Grundkreises verbindet, so bleibt der Beweis unverändert, nur erhält man die Gleichung der Parabel in schiefen Koordinaten.

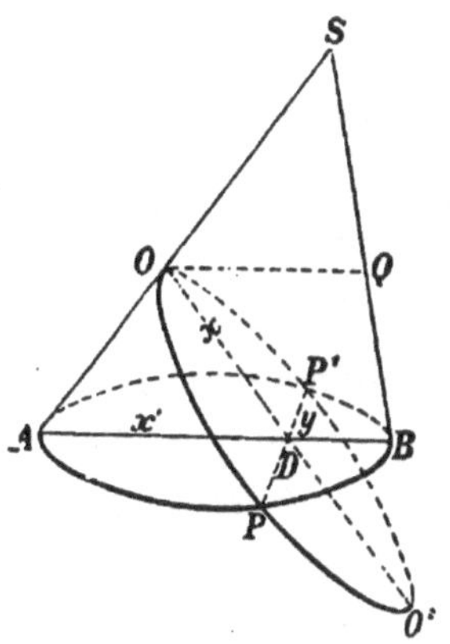

Fig. 31.

Sei jetzt (Fig. 31) OPO^1Q^1 eine Ebene senkrecht zum Hauptschnitt ASB, welche alle Kegelkanten schneidet. [Man erhält sie, indem man in S auf ASB das Loth errichtet, durch S eine Gerade y im Aussenraum des Kegels zieht, durch S und y die Ebene legt und zu ihr irgend eine Parallele konstruiert.] Es werde noch Winkel OO^1S mit 0^1, und AOD mit 0, ABS mit β, OO^1 mit 2a bezeichnet. Dann ist wieder

$$y^2 = x^1 BD;\quad \frac{x^1}{x} = \frac{\sin O}{\sin\alpha};\quad \frac{BD}{O^1D} = \frac{\sin O^1}{\sin\beta}$$

somit

$$y^2 = x(2a - x)\frac{\sin O \sin O^1}{\sin\alpha \sin\beta}.$$

Der Faktor von $x(2a-x)$, kurz ϑ, ist a) konstant, b) kleiner als 1, da er sich (durch Erweitern mit 2 und Anwendung der Formel $2\sin x \sin y = \cos(x-y) - \cos(x+y)$ auf die Form $\frac{1-\eta}{1+\eta}$ bringen lässt. Damit ist bewiesen: Die Schnittkurve ist eine Ellipse, deren grosse Axe OO^1 ist, denn aus dem Potenzsatz des vorigen Paragraphen folgt unmittelbar die sogen. Scheitelgleichung der Ellipse $y^2 = x(2a-x)\frac{b^2}{a^2}$.

Ist ASB ein beliebiger Axenschnitt, so erhält man die Gleichung der Ellipse in schiefen Koordinaten.

Wörtlich ist der Beweis für die Hyperbel derselbe, nur dass die Schnittebene parallel einer in den Kegelraum eindringenden Ebene geführt wird, welche aus dem Kegel zwei symmetrisch zu SB (u. SA) gelegene Kanten ausschneidet, welche die Richtungen der Asymptoten geben.

Für Ellipse und Hyperbel ist von Dandelin ein sehr einfacher Beweis geführt, wobei der Kegel als gerader Kreiskegel vorausgesetzt wird.

Die Spitze sei S, die Schnittebene treffe alle Kanten; es werde der Axenschnitt geführt, welcher auf der Schnittebene und der Ebene des Grundkreises zugleich senkrecht steht, also auch auf ihrer Schnittlinie. Er schneide den Kegelschnitt in AA_1. Man lege dann in den Raum zwischen Spitze und Schnitt die Kugel, welche den Kegel und seinen Schnitt berührt, und ebenso in dem Aussenraum. Der Durchschnitt stellt ein Dreieck ASA_1 dar mit dem Inkreis und dem zu S gehörigen Ankreis. (Dass F und F_1 auf AA_1 liegen, folgt daraus, dass wenn man einen Punkt X der Ebene des Schnitts mit F bezw. F_1 verbindet, und ebenso mit M bezw. M_1, das Dreieck MXF bezw. M_1XF_1 bei F [bezw. F_1] einen rechten Winkel hat; so dass die Hypotenuse MX stets grösser als die Kathete MF ist.)

Sei P ein beliebiger Punkt auf dem Umfang der Schnittkurve. Man ziehe PF und PF_1, desgleichen SP, welche die Berührungskreise BB_1 in D und CC′ in E trifft. Dann ist $PF = PD$ (Tangenten vom selben Punkt an die Kugel), $PF_1 = PE$, also $PF + PF_1 = DE = BC = AA_1$, d. h.:

Der Kegelschnitt ist eine Ellipse, deren Hauptaxe AA_1 und deren Brennpunkte F und F_1 sind.

Ebenso wird gezeigt, dass wenn die Schnittebene zwei Kanten des geraden (Doppel-) Kegels parallel ist, der Schnitt eine Hyperbel ist.

X. Abschnitt.

Höhere Kurven.

§ 34. Definition der Tangenten, Doppelpunkte etc.

Alle Kurven, deren Gleichungen in Punkt- oder Linienkoordinaten nicht vom ersten oder zweiten Grade sind, fasst man zusammen unter dem Namen „höhere Kurven“. Schon von den Kurven 3. Grades unterscheidet man 219 Arten; wir werden uns daher auf einige Beispiele höherer Kurven beschränken.

Zuvor sind einige Begriffe festzulegen; vor allem der der Tangente. Für die Kurven 2. Grades genügt es zu sagen, die Tangente ist die Gerade, welche mit der Kurve nur Einen Punkt gemeinsam hat; dazu war nötig, dass die beiden gemeinsamen Lösungen der Gleichungen der Geraden und der Kurve in Eine zusammenfielen. Man kann auch sagen, die beiden Lösungen haben einen verschwindenden Unterschied. Hieran anknüpfend definieren wir die Tangente im Punkte P der Kurve als eine Gerade, welche mit der Kurve ausser P noch einen P unendlich nahen Punkt gemeinsam hat, der also für die Anschauung mit P zusammenfällt. Man kann aber beweisen, dass generaliter alle P benachbarten Kurvenpunkte auf einer bestimmten Geraden liegen, der Tangente, die dann, weil sie eine Gerade ist, durch P und einen P benachbarten Kurvenpunkt bestimmt ist. Die Tangente in P muss also als diejenige Gerade angesehen werden, die mit der Kurve in P ein Linienelement, das seiner verschwindenden Länge wegen stets geradlinig zu denken ist, gemeinsam hat. Denken wir uns die Kurve mechanisch durch Bewegung eines Punktes erzeugt, so giebt die Tangente die Richtung des sich bewegenden Punktes in P an, und man kann die Prinzipien der Mechanik (Parallelogramm der Geschwindigkeiten) zu ihrer Konstruktion benützen, wie dies gleichzeitig und unabhängig von einander Toricelli und Roberval gethan.

Es kann aber auch vorkommen, dass die P unendlich nahen Kurvenpunkte sich auf zwei verschiedene Geraden verteilen, die Kurve hat dann in P eine Singularität, nämlich zwei verschiedene Tangenten, sie hat dann Zweige, welche sich in P durchschneiden (Fig. c von S. S. VIII.), Punkt P heisst dann Doppelpunkt. Der Punkt, der in seiner Bewegung die Kurve durchläuft, kommt zu zwei verschiedenen Zeiten an dieselbe Stelle P und mit (generaliter) verschiedener Richtung. Entsprechend ist die Erklärung von dreifachen etc. Punkten.

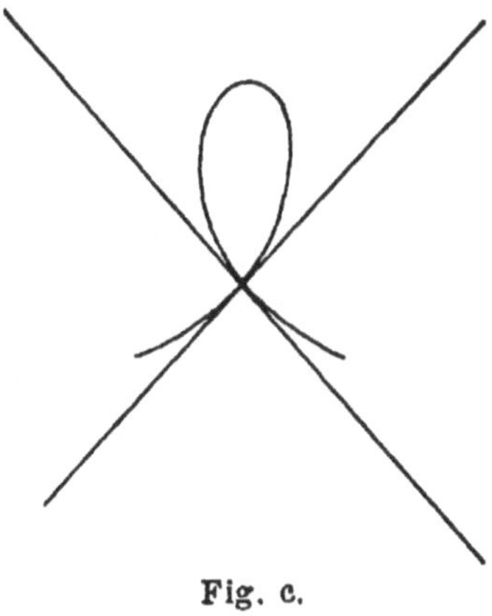

Fig. c.

Die beiden Tangenten in P können reell sein, dann bildet die Kurve in P eine Schleife wie in der Fig. 60a und P heisst Knotenpunkt, sie können imaginär sein wie z. B. im Punkte $x=5$, $y=0$ der Kurve $y^2=(x-5)^2(x-7)$, in diesem Falle heisst der Doppelpunkt isoliert oder „Einsiedler". (Die beiden Kurvenzweige, die sich in ihm durchschneiden, sind imaginär.)

Die beiden Tangenten können aber auch in eine zusammenfallen; dann heisst der Doppelpunkt P Spitze oder **Rückkehrpunkt**, die Schleife zieht sich zu einem Knoten zusammen, bezw. durchläuft der Punkt einen Nullkreis, die beiden Zweige der Kurve berühren sich in P. Die Spitze ist **erster Art**, wenn, wie Fig. d (S. S. VIII), die beiden Zweige an verschiedenen Seiten der Tangente liegen, **zweiter Art** oder **Schnabel**, wenn sie, wie Fig. e, an derselben Seite liegen. Die Spitze ist, da sie das Zusammenfallen der Tangenten erfordert, eine **höhere Singularität** als der **Knotenpunkt**.

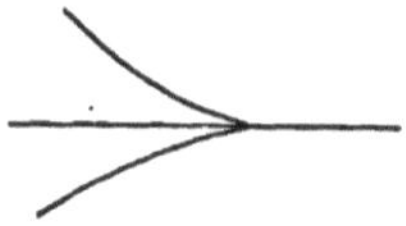

Fig. d.

Fig. e.

Da die Gleichung der Geraden nur 2 Konstanten enthält und die Bedingung durch $P\{(x_1 | y_1)$ zu gehen schon eine Relation zwischen den Koordinaten der Linie giebt, so giebt die Forderung auch noch durch einen zweiten, P unendlich nahen Punkt zu gehen, eine zweite Relation, durch welche im Allgemeinen die Linienkoordinaten bestimmt sind, ausser wenn die zweite Relation identisch erfüllt ist. Im Allgemeinen haben also selbst die transcendenten Kurven (deren Gleichung als von unendlich hohem Grade angesehen werden kann) in einem beliebigen Punkt P nur Eine Tangente.

Rein geometrisch definiert man die Tangente, so dass man eine Sekante sich um einen Schnittpunkt P drehen lässt, bis der P nächstliegende Schnittpunkt mit P zusammenfällt. Für einen Doppelpunkt oder allgemein für einen vielfachen Punkt erleidet diese Definition eine Ausnahme, man muss dann die einzelnen

Zweige der Kurve trennen. Man sieht, dass es vorkommen kann, dass die Tangente in P zugleich Tangente an einen oder mehrere andere Kurvenpunkte ist, dann heisst die Tangente Doppeltangente bezw. mehrfache Tangente. Fallen die beiden Berührungspunkte der Doppeltangente in P zusammen, so heisst die Tangente: Wendetangente, und P ein Wendepunkt. Die Wendetangente hat in P zwei Linienelemente mit der Kurve gemeinsam. Gewöhnliche Wende- oder Inflexionspunkte, in denen die Kurve die Wendetangente durchschneidet, kommen bei jeder Kurve von mehr als 2. Grade vor.

Die Tangenten in den unendlich fernen Punkten der Kurven heissen Asymptoten (vergleiche die Hyperbel).

Für algebraische Kurven kann man auch algebraische Definitionen geben, z. B. die Tangente in P definieren als die Gerade, für welche in P mindestens zwei gemeinsame Lösungen zusammenfallen, den Doppelpunkt als einen Punkt, durch welchen jede Gerade die Kurve in höchstens noch n—2 Punkten schneidet etc.

XI. Abschnitt.

Die Cissoïde des Diokles.

§ 35. Erzeugung der Kurve.

Man zeichne einen Kreis um M, den Leitkreis, mit Radius a und ziehe darin den Durchmesser 2a oder d, genannt SS'. Man ziehe AB und A'B' senkrecht auf SS' (Fig. 32) und symmetrisch in Bezug auf die Symmetrieaxe von SS'; ziehe SB', schneidet SB in P, es soll der Ort des Punktes P bestimmt werden,

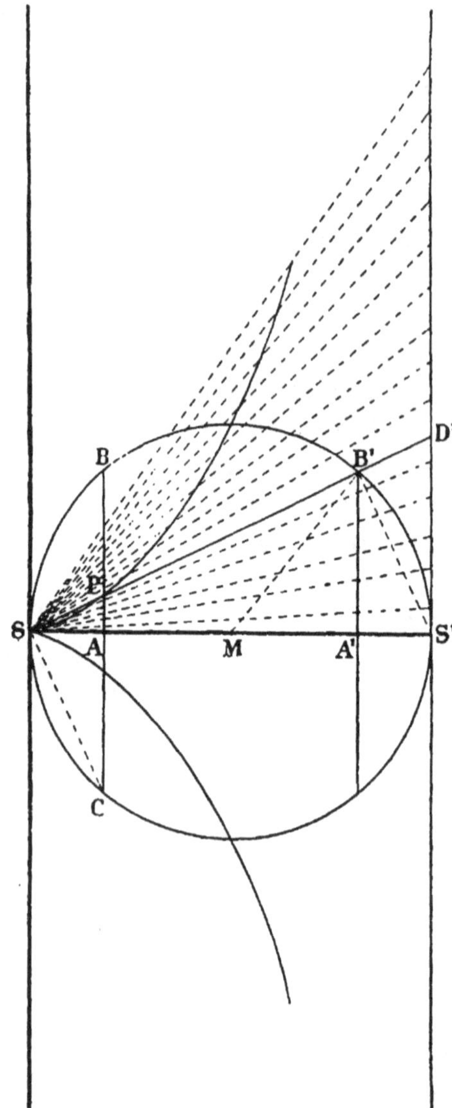

Fig. 32.

wenn A'B' sich von S' nach S bewegt (allgemein: unbegrenzt in der Richtung S'S), und daher AB von S nach S'.

S sei Nullpunkt, SS' sei +X, das Axensystem rechtwinkelig, +Y wie gewöhnlich, SA ist x, PA ist y, die Länge von AB und A'B' oder AC sei z, alsdann ist (Pythagoräische Satzgruppe)

$$z^2 = x(d-x); \quad \frac{x}{z} = \frac{z}{d-x}; \quad \frac{z}{d-x} = \frac{y}{x}$$

(Dreieck SPA ∽ SB'A') also durch Multiplikation

$$\frac{x}{d-x} = \frac{y^2}{x^2} \text{ oder}$$

$$1)\ x^3 = y^2(d-x); \quad 1^a)\ (x^2+y^2)x = dy^2.$$

Der Ort des Punktes P ist also eine Kurve 3. Grades, sie heisst Cissoïde (vom griech. Kissos-Epheu) und ist etwa um 200 v. Chr. von Diokles erfunden, um das „Delische Problem" der Würfelverdoppelung (bezw. Vervielfachung) zu lösen, welches gelöst ist, sobald es gelingt, zwischen zwei Strecken a und $a\sqrt{n}$ zwei mittlere Proportionalen p und q einzuschalten, so dass $\frac{a}{p} = \frac{p}{q} = \frac{q}{a\sqrt{n}}$ dann ist $\frac{a}{q} = \frac{q^2}{a^2 n}$ oder $q^3 = na^3$. Nun sind bei der Cissoïde z und x zwischen $d-x$ und y mittlere Proportionalen.

Die Gleichung der Cissoïde kann ohne weiteres aus der Bemerkung abgeleitet werden, dass SC und S'B' parallel sind, also PSC ein bei S rechtwinkeliges Dreieck, somit unmittelbar $x^2 = yz$, $x^4 = y^2z^2$ also $x^3 = y^2 (d-x)$. Man erhält also eine zweite Erzeugung der Kurve. Errichtet man über der Hypotenuse SS' alle rechtwinkeligen Dreiecke, fällt in ihnen die Höhen und errichtet in S auf den anliegenden Katheten die Lothe, so ist der Ort ihrer Schnitte mit den Höhen die Cissoïde.

Eine noch bequemere Erzeugung erhellt daraus, dass wenn S B′ in D′ zum Schnitt mit der Tangente in S′ gebracht wird S P = B′D′ ist (entsprechende Querstrecken in kongruenten Streifen) d. h. also:

Zieht man von S aus nach allen Punkten der Peripherie des Leitkreises die Vektoren, und trägt das Stück zwischen Kreis und der Tangente in S′ von S aus auf die Vektoren auf, so ist der Ort dieser Punkte die Cissoïde.

Aus der ersten Erzeugung folgt eine vierte von Newton herrührende, welche gestattet, die Kurve auf mechanischem Wege herzustellen (Fig. 33). Denkt man sich Dreieck A B M in dem kongruenten Streifen zwischen den Senkrechten durch M und A′ parallel verschoben, bis M in den Cissoïdenpunkt P′ auf A′B′ kommt, also in der Lage A″B″P′ und B″P′ um sich selbst verlängert bis Q, so sind S P′ und M Q parallel; verlängert man M S über S hinaus, bis M′, so sind nach den elementarsten Streifensätzen M′B″ und S P′ ebenfalls parallel, das Trapez M′M Q B″ ist ein symmetrisches Trapez, also da M′M B″ ein Rechter, so ist es auch M′Q B″; wir haben den Satz:

Bewegt sich ein rechter Winkel, dessen einer Schenkel die konstante Länge d hat, so, dass der andere Schenkel stets durch den festen Punkt M′ hindurchgeht, während der Endpunkt des Schenkels konstanter Länge auf einer Geraden gleitet, welche von M' den Abstand d hat, so beschreibt die Mitte dieses Schenkels die Cissoïde.

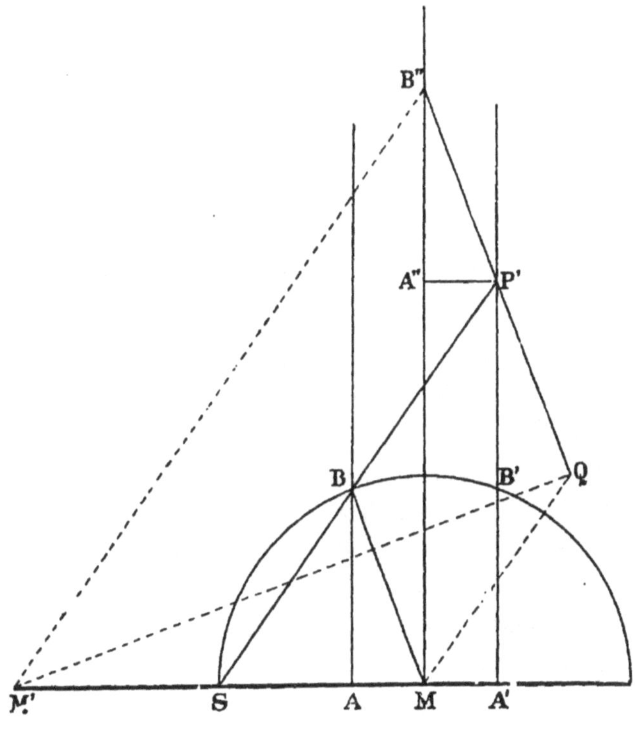

Fig. 33.

§ 36. Diskussion der Kurvengleichung.

Gleichung 1 bleibt bestehen, wenn x; y; d mit irgend einem Zahlenfaktor multipliziert werden, also alle Cissoïden (wie alle Kreise, Parabeln, gleichseitige Hyperbeln) sind ähnlich. Vergrössert man also die Vektoren SP von S aus auf das n fache, so ist der Ort der neuen Endpunkte eine ähnliche und ähnlich liegende Cissoïde, deren Leitkreis den Durchmesser n d hat.

Die Kurvengleichung enthält nur y^2, d. h. zu jedem Wert x der Abscisse gehören zwei entgegengesetzt gleiche Werte der Ordinate.

Die Kurve, heisst das, ist symmetrisch in Bezug auf die X-Axe. Giebt man der Gleichung die Form

$$1^{b})\quad y^2 = \frac{x^3}{d-x}$$

so sieht man zunächst, dass y mit wachsendem x rapid zunimmt und für $x = d$ unendlich ist, ferner dass für $x > d$ und $x < 0$ die Ordinate y imaginär ist, d. h.:

Die Cissoïde liegt ganz in dem Streifen zwischen den Tangenten an den Leitkreis in S und S'.

Sie besteht aus 2 symmetrischen Zweigen, die sich und die Axe in S berühren, und im unendlich fernen Punkt der Tangente in S' zusammenkommen. Punkt S ist eine Spitze erster Art, denn zieht man durch S irgend eine Gerade $y = \tau x$, wo $\tau = \operatorname{tg}\varphi$ ist, so hat man für den Schnitt mit der Kurve:

$$x^3 = \tau^2 x^2 (d - x),$$

also $x = 0$ und damit $y = 0$ ist eine doppelte Lösung, und ausserdem giebt es noch die Lösung

$$x = \frac{\tau^2 d}{1+\tau^2};\quad y = \frac{\tau^3 d}{1+\tau^2}$$

und für $\tau = 0$, d. h. für die x-Axe, fällt auch die 3. Lösung mit der doppelten $x = 0$, $y = 0$ zusammen.

Wird SP mit r bezeichnet, so ist da $\frac{\tau^2}{1+\tau^2} =$

$\sin^2\varphi$ ist, $x = d\sin^2\varphi$, $y = d\sin^2\varphi\,\mathrm{tg}\,\varphi$ und da $x = r\cos\varphi$, so ist

2) $r = d\sin\varphi\,\mathrm{tg}\,\varphi$

die Polargleichung der Kurve (für den Pol S, die Polaraxe SS′). Diese Gleichung könnte auch direkt abgeleitet werden aus dem rechtwinkeligen Dreieck SD′S′ mit der Höhe S′B′.

Wenn x und y beide sehr gross (aber proportional) so geht 1a) über in $(x^2 + y^2) = 0$ (Division mit x^3 giebt $1 + \frac{y^2}{x^2} = \frac{dy^2}{x^2} \cdot \frac{1}{x}$ und $\frac{1}{x}$ wird 0). Die Kurve geht also durch die beiden unendlich fernen imaginären Kreispunkte. Die Kurve hat also in keiner von den Axen verschiedenen Richtungen einen reellen Punkt im Unendlichen; wenn y endlich bleibt, ist es x auch, aber wenn $x = d$ ist, wurde y unendlich, d. h.:

Die Kurve hat eine reelle Asymptote, die Tangente an den Leitkreis in S′.

(Das folgt schon aus der Konstruktion.)

Errichtet man im Punkte $P\{(x_1|y_1)$ der Cissoïde auf den Vektor SP die Senkrechte g, so ist deren Gleichung

$$y - y_1 = \frac{-x_1}{y_1}(x - x_1)$$

oder

$$xx_1 + yy_1 = x_1^2 + y_1^2 = \frac{dy_1^2}{x_1}.$$

Die Linienkoordinaten der Geraden, u und v, sind also $u = \frac{x_1^2}{dy_1^2}$ und $v = \frac{x_1}{dy_1}$, somit 3) $v^2 = \frac{u}{d}$.

Dies ist aber die Gleichung der Parabel in Linienkoordinaten. (S. 94).

Der Parameter derselben ist 2d und ihr Scheitel ist S, die Axe fällt in die Gerade SS' und aus der Bedeutung von u für die Parabeltangente folgt, dass sie die Richtung S'S hat; wie Fig. 34 zeigt. Also:

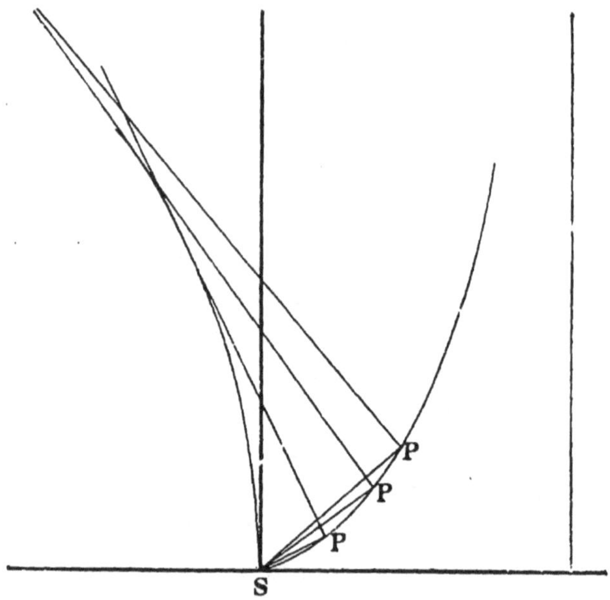

Fig. 34.

D i e C i s s o ï d e i s t d e r O r t d e r F u s s p u n k t e d e r L o t h e , w e l c h e m a n v o m S c h e i t e l d e r P a r a b e l a u f d i e T a n g e n t e n d e r s e l b e n f ä l l e n k a n n .

Die Cissoïde gehört demnach zu den sogen. F u s s p u n k t e n k u r v e n. Berücksichtigt man die Bemerkung am Anfang des Paragraphen, so sieht man, dass auch der Gegenpunkt des Parabelscheitels S in Bezug auf irgend eine der Tangenten eine Cissoïde beschreibt (ähnlich und ähnlich liegend, mit dem Durchmesser 2 d). Dieser Gegenpunkt ist aber der Scheitel einer der ursprünglichen kongruenten Parabel, welche auf dieser aussen rollt, wir haben den Satz:

Rollt eine Parabel aussen auf einer ihr kongruenten, so beschreibt der Scheitel der rollenden Kurve eine Cissoïde.

Die Cissoïde gehört also zu den Rollkurven (vergl. Abschnitt XIV).

§ 37. Die Cissoïde als inverse Kurve der Parabel.

Die Cissoïde steht mit der Kurve, deren Scheitelfusspunktskurve sie ist, in noch einfacherer Beziehung (wie im allgemeinen die Fusspunktskurven).

Verlängert man (Fig. 32) den Vektor $SP = r$ über S hinaus, bis er die Parabel in Q schneidet, und setzt $SQ = \varrho$, und $P \{ (x|y)$; $Q \{ (\xi|\eta)$, wo, da die ξ auf der negativen Seite der X-Axe liegen $\eta^2 = -2p\xi = -4d\xi$ ist, so ist $\eta = \varrho \sin(180 + \varphi)$; $\xi = \varrho \cos(180 + \varphi)$, also $\varrho = \frac{4d\cos\varphi}{\sin^2\varphi}$ und mit Benützung von 2)

4) $\varrho r = 4d^2$.

Kennzeichnet man den Umstand, dass ϱ dem r entgegengesetzt gerichtet ist, durch das Minuszeichen, so ist $\varrho r = -4d^2$. Diese Beziehung drückt sich kurz aus durch den Satz: (vgl. § 17)

Die Cissoïde ist die entgegengesetzt inverse Kurve der Parabel.

Da Cissoïde und Parabel inverse Kurven sind, so lässt sich die Tangente an die Cissoïde in $P \{ (x|y)$ sofort konstruieren. Der Tangente in P entspricht der Kreis, welcher durch S geht und die Parabel in $Q\{(\xi|\eta)$ berührt. Sein Centrum liegt also auf der Parabelnormalen in Q und auf der Normalen in der Mitte von SQ. Es ist bequem für die folgende Rechnung, die Richtung der Parabelaxe als die der +X anzusehen; wir haben dann für die Koordinaten ξ' und η' des Mittelpunkts die Gleichungen beider Normalen

$$\xi'\eta + \eta' p = \xi\eta + \eta p$$
$$\xi'\eta + 2\eta' p = {}^1/_2\,\xi\eta = \eta p$$

und erhalten hieraus $\xi' = p + {}^3/_2\,\xi$.

Folglich für Abscisse $2\xi'$ des Punktes U, in welchem der Kreis die Parabelaxe schneidet: $SU = 2p + 3\xi$, und hiermit, da $SU \cdot ST = 4d^2$ ist, für ST d. i. das Stück, welches die Cissoïdentangente von deren Axe SS′ abschneidet: $ST = \frac{4d^2}{2p + 3\xi}$.

Da $p = 2d$ und $|\xi| = \varrho\cos\varphi$, und $\cos\varphi = \frac{x}{r}$, $\varrho = \frac{4d^2}{r}$

$$\text{so ist } ST = \frac{dr^2}{r^2 + 3dx} = \frac{dr^2x}{r^2x + 3dx^2} = \frac{dy^2}{y^2 + 3x^2}$$

$$= \frac{d}{1 + 3\frac{x^2}{y^2}} = \frac{dx}{3d - 2x}$$ und damit die Subtangente

$$TA = \frac{2x(d+x)}{3d - 2x} \text{ also 5) } TA = s_t = x - St = \frac{x(d-x)}{{}^3/_2\,d - x}.$$

Da $x(d-x) = z^2 = AB^2$ war, so ergiebt sich hiermit sofort die einfache Konstruktion der Tangente: Man verlängere SS′ über S′ um den Radius α bis zu dem festen Punkte O, verbindet O mit B, errichtet in B auf OB das Loth, schneidet SS′ in T, so ist PT die Tangente (Fig. 35).

Auch der Richtungsfaktor τ und damit die Gleichung der Tangente ist sofort bestimmt, da

$$\tau = \frac{y}{s_t} = \frac{y\,(^3/_2\,d - x)}{x\,(d - x)} \text{ ist.}$$

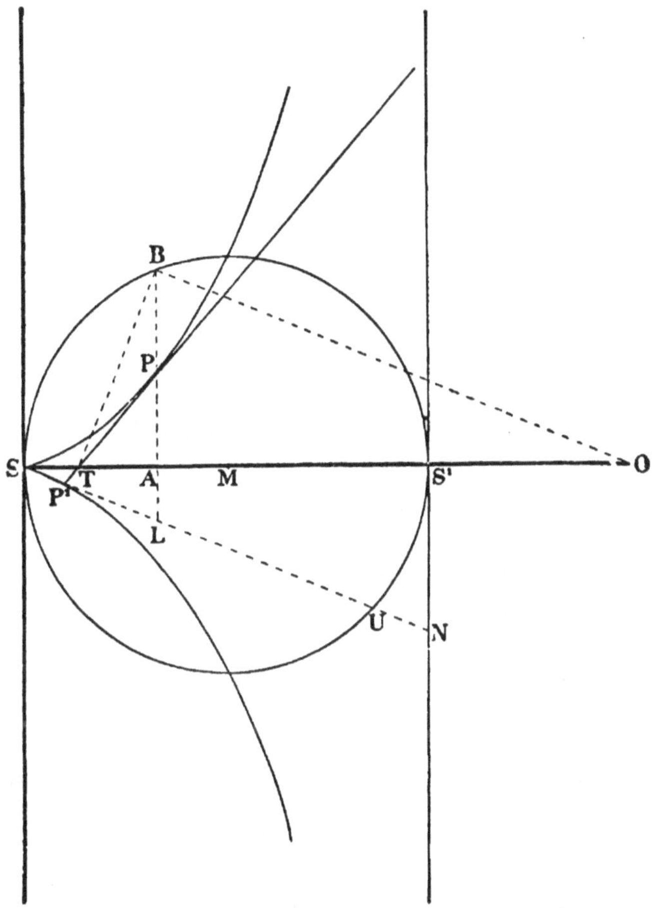

Fig. 35.

§ 38. Tangente; Evolute.

Aus den Gleichungen der Normalen von B und der Mittelsenkrechten von SQ ergiebt sich für die Koordinaten α_1; β_1 des Centrums des Kreises der durch S geht und die Parabel in Q berührt $\alpha_1 - p = {}^3/_2\, \xi$; $\beta_1 = -\frac{\xi\eta}{2p} = -\frac{\xi^2}{\eta}$, wenn $Q\{(\xi|\eta)$ ist.

Vermöge der Parabelgleichung erhalten wir:

$$\text{I)}\ \beta_1^2 = \frac{4}{27}\frac{(\alpha_1 - p)^3}{p}.$$

Dies ist die Gleichung einer N e i l ' s c h e n P a r a b e l, deren Scheitel F′ vom Brennpunkt F um $\frac{p}{2}$ entfernt ist.

Lässt man die Bedingung durch S zu gehen fallen, verlangt aber, dass der Kreis die Parabel ausser in Q noch in einem Q unendlich nahen Punkte $R\{(\xi + \varkappa \,|\, \eta + h)$ berühre, so hat man aus der Parabelgleichung $\eta\varkappa = ph$, unter Vernachlässigung von $\varkappa^2$, und zur Bestimmung der Koordinaten α', β' des Centrums K′ dieses Kreises, des sogen. K r ü m m u n g s k r e i s der Parabel in Q (vgl. Cycloïde) dient die Gleichung der Normale in Q und der in R, woraus

$$\alpha' - p = 3\xi;\quad \beta' = -\frac{2\xi\eta}{p};\quad \text{also}\quad \alpha' - p = 2(\alpha_1 - p);$$
$$\beta' = 4\beta.$$

Nennt man den Radius dieses Kreises ϱ_p, so ist

$$\varrho_p^2 = (\xi - \alpha')^2 + (\eta - \beta')^2 = \frac{(p + 2\xi)^3}{p}$$

und $\text{I}^a)$ $\beta'^2 = \frac{8}{27}\frac{(\alpha' - p)^3}{p}$ für den Ort der K r ü m m u n g s centren die sogen. E v o l u t e d e r P a r a b e l.

Hieraus folgt zunächst die einfache Konstruktion von K': Man trage von der Normale N (Fig. 17) aus auf der Axe die Strecke β T ab bis β', errichte dort das Loth auf der Axe, welches die Normale im K' schneidet.

Soll der Berührungskreis durch S durch einen beliebigen Punkt $A\{(\xi_a|\eta_a)$ gelegt werden, so hat man ausser I noch die Gleichung der Symmetrieaxe von SA zur Bestimmung von α_1 und β_1; da sie linear ist, so folgt, dass sich für $\alpha_1 - p_1$, oder besser für $\frac{2}{3}(\alpha_1 - p)$ oder ξ, die Abscisse des Berührungspunkts, und damit für α_1 und β_1 drei Paar Werte ergeben, also sind durch einen Punkt drei solcher Kreise möglich, also auch von dem A inversen Punkt aus 3 Tangenten an die Cissoïde, d. h. also:

Die Cissoïde ist eine Kurve 3. Ordnung.

Hiebei ist die Lösung $\beta = 0$ nicht berücksichtigt, sie führt auf den stets möglichen Kreis der durch A geht, und die Parabel in S berührt; ihm entspricht der Strahl, welcher den A inversen Punkt mit S verbindet.

Die Gleichung 3. Grades selbst lautet, wenn

$$\frac{(\xi_a^2 + \eta_a^2 - 2p\xi_a)\, 2\eta_a^2}{p\xi_a^3} = v \text{ und } \frac{2}{3}\frac{(\alpha_1 - p)}{p\xi_a^2} \cdot 2\eta_a^2 - 3 = \lambda$$

gesetzt wird: $\lambda^3 - 3\lambda(9 - 2v) - \left((9 - v)^2 - 27\right) = 0.$

Ihre Discriminante (vgl. Schubert Arithmetik S. 68) D ist $v^3\left(\frac{v}{4} - 1\right)$, sie hat also 2 gleiche reelle Wurzeln, wenn $v = 0$ und $v = 4$. Das erste giebt $\xi_a^2 + \eta_a^2 = 2p\xi_a$, d. h.: den Kreis der um F' mit p geschlagen ist. Dieser Kreis, der die Parabel im Scheitel vierpünktig berührt, zählt also doppelt, und ausserdem giebt es für seine Punkte nur noch Eine Lösung:

$$\xi = {}^2/_3(\alpha_1 - p) = \frac{9 p \xi_a}{4 p - 2 \xi_a}.$$

Diesem Kreis, dem Scheitelkreis, entspricht invers die Asymptote der Cissoïde (die Leitlinie der Parabel), von ihren Punkten giebt es also (ausser der Asymptote) noch Eine Tangente. Ist J $\{(d | y_i)$ der A inverse Punkt, so findet man leicht

$$\frac{d - x}{x} = \frac{9 d^2}{4 y_i} = \frac{x^2}{y^2}; \quad \frac{x}{y} = \frac{{}^3/_2 d}{y_i}.$$

Hieraus ergiebt sich sofort die Konstruktion dieser Tangente. Man verschiebt die Asymptote parallel der Axe um den Radius des Leitkreises; J rückt dann nach J', zieht den Vektor J'S, so schneidet er die Kurve im Berührungspunkt P. Ist die Kurve nicht gezeichnet, so zieht man den Vektor von S' nach dem Punkt, in dem die Mittelsenkrechte von SS' den Vektor SJ' schneidet, und dieser Vektor trifft den Leitkreis in B, und das von B gefällte Loth SJ' in P. Noch einfacher: Man trägt das Stück des Vektor SJ' zwischen Kreis und Asymptote von S auf SJ' ab, giebt P.

Für die Punkte im Innern des Scheitelkreises ist v negativ, also D positiv, also giebt es für sie nur Einen reellen Berührungskreis; dem Innern des Kreises entspricht das Aeussere der Asymptote, also lässt sich von Punkten jenseits der Asymptote nur Eine Tangente an die Cissoïde legen. D wird dann wieder O, wenn v = 4 d. h. aber $\eta_a^2 = 2 p \xi_a$. Für die Punkte zwischen dem Scheitelkreis und der Parabel ist D negativ, also giebt es für sie 3 Kreise; also für die Punkte zwischen Cissoïde und Asymptote 3 Tangenten.

Für die Punkte Q auf der Parabel fallen 2 Kreise in den Berührungskreis bei Q zusammen, und es giebt ausserdem noch Einen, der die Parabel in Q durchschneidet. Für die Punkte ausserhalb der Parabel ist D positiv, also giebt es nur Einen (reellen) Kreis. Daher gehen durch jeden Cissoïdenpunkt P zwei Tangenten, die eigene (doppeltzuzählende) und eine, welche in einem andern Punkt berührt und bei P schneidet. Für die Punkte aber, ausserhalb des Raumes zwischen Cissoïde und Asymptote giebt es nur Eine Tangente. Die Gleichung I ist mit I^a identisch, wenn in I^a p durch 2p ersetzt wird, und dann der Anfangspunkt um p in der Axe nach dem Scheitel zu verschoben wird. Also:

Verschiebt man die Evolute einer Parabel parallel der Axe um den halben Parameter nach dem Scheitel zu, so wird sie zur Nebenevolute der Parabel mit halbem Parameter.

Liegt der Punkt A $\{(\xi_a \mid \eta_a)$ auf der Parabel selbst, so ist v = 4, so hat man: $\lambda^3 - 3\lambda + 2 = 0 = (\lambda - 1)^2 (\lambda + 2)$, welche Gleichung ausser der a priori klaren doppelten Lösung $\lambda = 1$, d. h. $\xi = \xi_a$, noch die Lösung $\lambda = -2$ d. h. $\xi = {}^2/_3 (\alpha_1 - p) = {}^1/_4 \xi_a$ hat. Also:

Der die Parabel in Q $\{(\xi \mid \eta)$ schneidende Berührungskreis, berührt in q $\left\{\left(\frac{\xi}{4} \middle| \frac{-\eta}{2}\right)\right.$.

Da das Verhältnis der Koordinaten durch Inversion sich nicht ändert, so ist $\frac{y'}{x'} = -\frac{2x}{y}$, d. h. $\operatorname{tg} \varphi' = -2 \operatorname{tg} \varphi$.

Also:

Durch jeden Punkt der Cissoïde geht ausser der Tangente in ihm noch eine zweite Tangente an den entgegengesetzten Zweig, man erhält den Berührungspunkt, wenn man die Ordinaten über ihren Fusspunkt hinaus um das Zweifache verlängert und den zugehörigen Vektor zieht.

Will man also im Cissoïdenpunkt P die Tangente ziehen, so verlängert man (Fig. 35) die Ordinate um ihre Hälfte bis L, zieht den Vektor nach dem Endpunkt, schneidet die Cissoïde in P', so ist P'P die Tangente.

Liegt die Kurve nicht gezeichnet vor, so kann man die alte Konstruktion benützen, oder die Abscisse im Verhältnis $\frac{d}{2} : d - x$ teilen, oder was das eleganteste: Man zieht den Vektor von S nach L, bis an die Asymptote nach N; der Scheitelkreis schneidet SN in U, trägt UN von S aus auf den Vektor bis P' ab, so ist P'P die Tangente.

Bei der Inversion bleiben die Berührungseigenschaften der Kurve erhalten, einem Kreis entspricht ein Kreis, somit entspricht dem Krümmungskreis der Parabel der der Cissoïde. Die Centren sind nicht entsprechend, die Radien nach entsprechenden Punkten antiparallel, das Inversionscentrum S ist der innere Aehnlichkeitspunkt. Sind K' und K die Centren, und schneidet der Inversionsstrahl SQ den Kreis K' noch in Q', so sind KP und K'Q' parallel. Werden die Koordinaten von K mit α und β, der Krümmungsradius der Cissoïde mit ϱ_c bezeichnet, so ist:

$\frac{\varrho_c}{\varrho_p} = \frac{SP}{SQ'} = \frac{SP.SQ}{SQ'.SQ}$; $SQ.SQ'$ ist die Potenz des Punktes S in Bezug auf den Krümmungskreis. Die

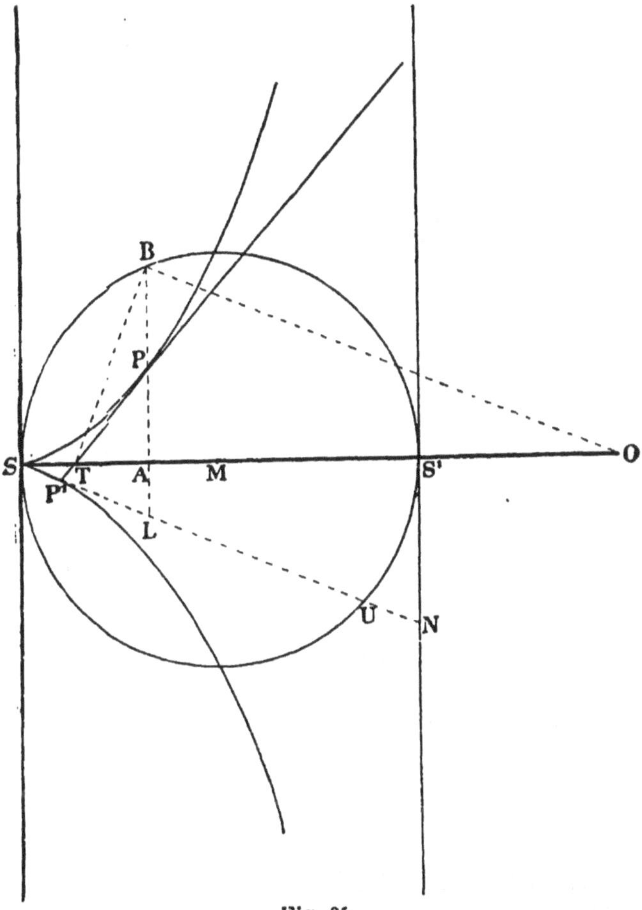

Fig. 35.

Potenz des Scheitels der Parabel in Bezug auf den Krümmungskreis im beliebigen Kurvenpunkte Q $\{(\xi|\eta)$ ist $-3\xi^2$; $SP.SQ = -4d^2$;

also: $\frac{\varrho c}{\varrho p} = \frac{4\,d^2}{3\,\xi^2}$. Es ist allgemein, wenn SQ wieder ϱ; SP wieder r ist, $\xi = \varrho \cos\varphi = \frac{\varrho x}{r} = \frac{\varrho r x}{r^2} = -\frac{4\,d^2 x}{r^2}$.

Nach der Cissoïdengleichung ist $r^2 = \frac{dx^2}{d-x}$, also:

$$\text{II)}\quad \frac{\xi}{d} = \frac{4\,(d-x)}{-x}; \text{ also;}$$

$$\text{II}^{a})\quad \varrho_c^{\,2} = \frac{d^2 x\,(4d-3x)^3}{36\,(d-x)^4}.$$

Die Konstruktion des Krümmungscentrums ist nach dem Vorstehenden einfach. Für die Koordinaten α und β ergiebt sich:

$\frac{-\alpha}{\alpha^1} = \frac{\varrho c}{\varrho p} = \frac{4}{3}\,\frac{d^2}{\xi^2} = -\frac{\beta}{\beta^1}$; $\frac{\beta^2}{\beta_1^{\,2}} = \frac{16}{9}\,\frac{d^4}{\xi^4}$; aus I^a war: $\beta^{1^2} = \frac{4\,\xi^3}{d}$, also:

$$\text{II}^{b})\quad \beta^2 = \frac{64}{9}\,\frac{d^3}{\xi} = \frac{16}{9}\,\frac{d^2 x}{d-x} = \frac{16}{9}\,\frac{y^2}{x^2};$$

$$\frac{\beta}{d} = \frac{4}{3}\,\frac{y}{x} = \frac{4}{3}\,\operatorname{tg}\varphi,$$

woraus sich eine höchst einfache Konstruktion des Krümmungscentrums ergiebt.

$$-\frac{\alpha}{\alpha^1} = \frac{4}{3}\,\frac{d^2}{\xi^2}; -\alpha = \frac{4}{3}\,\frac{d^2}{\xi^2}\,(p+3\,\xi) = \frac{4}{3}\,d$$

$\left(\frac{2d^2}{\xi^2} + 3\,\frac{d}{\xi}\right)$; $\frac{d}{\xi} = \frac{9\,\beta^2}{64\,d^2}$, also:

$$\text{III)}\quad -512\alpha\,d^3 = 27\beta^4 + 288\beta^2 d^2$$

die Gleichung der Evolute der Cissoïde, welche sich demnach als eine parabelartige, bis auf S ganz im negativen Teil der Abscissenaxe liegende Kurve 4. Grades ausweist. Die Nebenevolute der

Cissoïde, d. h. der Ort der Centren aller Kreise, welche die Cissoïde berühren und durch S gehen, ist eine zu ihrer Parabel ähnlich liegende Parabel mit halbem Parameter; denn berührt das in P auf SP errichtete Loth die Parabel in $\mathfrak{Q}$, so ist der dem Dreieck SP$\mathfrak{Q}$ umschriebene Kreis invers zur Parabeltangente in dem P inversen Parabelpunkt Q, er berührt also die Cissoïde in P und die Linie, welche P mit der Mitte von S$\mathfrak{Q}$ verbindet, ist die Normale der Cissoïde in P. (Beweis: Denkt man sich zu Q den inversen [Cissoïden] Punkt $\mathfrak{P}$, so ist S$\mathfrak{P}\mathfrak{Q}$ = SP$\mathfrak{Q}$ = 90°, also $\mathfrak{P}$Q die Parabeltangente in Q.) Es ist leicht, dies durch die Rechnung zu bestätigen. Zwischen den Koordinaten von $\mathfrak{Q}\,\{(\xi''_2\,\eta'')$ und $Q\,\{(\xi\,|\,\eta)$ bestehen die Relationen: $\xi''\xi = 4d^2$; $\eta''\eta = -8d^2$. Der Punkt $\mathfrak{P}$ und der zu P gehörige P′ sind daher konjugierte Punkte, d. h. ihre Abscissen sind zusammen d, ihre Amplituden zusammen 90°, dies giebt ein Mittel an, die Parabel mittelst des festen Leitkreises die Tangente linear zu ziehen.

§ 39. Die Quadratur.

Zieht man den Radius vector SP aus, bis er die Tangente in S′ (die Asymptote) in D′ (Fig. 32) schneidet, und denkt sich die zugehörige Amplitude φ in n gleiche Teile geteilt und die zu den Teilpunkten gehörigen Vectoren $r_1\, r_2 \ldots r_k \ldots$ gezogen und verlängert, bis sie die Asymptote in $D_1\, D_2 \,.\, D_k \ldots$ treffen, und bezeichnet SD_k mit R_k, so ist das Element der inneren Fläche zwischen r_{k-1} und r_k die Differenz der Kreissektoren mit den Radien R_k und r_k und dem gemeinsamen Centriwinkel $\frac{\varphi}{n}$, also: $F_k = \frac{1}{2}\frac{\varphi}{n}(R_k^2 - r_k^2)$. Bezeichnet man $\varphi : n$ mit ψ, so ist, da $R_k = \frac{d}{\cos k\psi}$ und $r_k = d \sin k\psi \operatorname{tg} k\psi$ ist:

$$F_k = \frac{1}{2}\frac{\psi d^2}{\cos^2 k\psi}(1 - \sin^4 k\psi) = \frac{\psi}{2} d^2 (1 + \sin^2 k\psi).$$

Für F selbst also d. h. für das Flächenstück zwischen Kurve, Axe, Asymptote und den Vektor zwischen Kurve und Asymptote — Cissoïdenviereck — ist

$$F = \frac{1}{2} d^2 \varphi + \frac{1}{2} d^2 \psi \sum_{k=1}^{k=n} \sin^2 k\psi.$$

Es ist aber $\sin^2 k\psi = {}^1/_2 2 \sin^2 k\psi = {}^1/_2 (1 - \cos 2k\psi)$, also $\psi \Sigma = \frac{1}{2}\varphi - \frac{1}{2}\psi \sum_1^n \cos 2k\psi$.

Nach einer bekannten trigonometrischen Formel ist $\sigma = \sum_1^n \cos 2k\psi = \frac{\sin(n + {}^1/_2)2\psi}{2\sin\psi} - 1$ und $\frac{1}{2}\psi\sigma = \frac{1}{2} \frac{\psi \sin(n + {}^1/_2)2\psi}{2\sin\psi} - {}^1/_2\psi$, und wenn n über jedes Mass gross: ${}^1/_2 \psi\sigma = {}^1/_4 \sin 2\varphi$, also

6) $\mathbf{F = {}^3/_4 d^2\varphi - {}^1/_8 d^2 \sin 2\varphi}$; in Worten:

Das Cissoïdenviereck ist gleich dem doppelten zugehörigen Sektor des Leitkreises (B′MS′) vermehrt um das zugehörige Segment desselben (S′B′).

Nimmt man vom Cissoïdenviereck das Trapez APD′S′ weg, welches $= \frac{1}{4} d^2 \sin 2\varphi + \frac{1}{2} d^2 \cos\varphi \sin^3\varphi$,

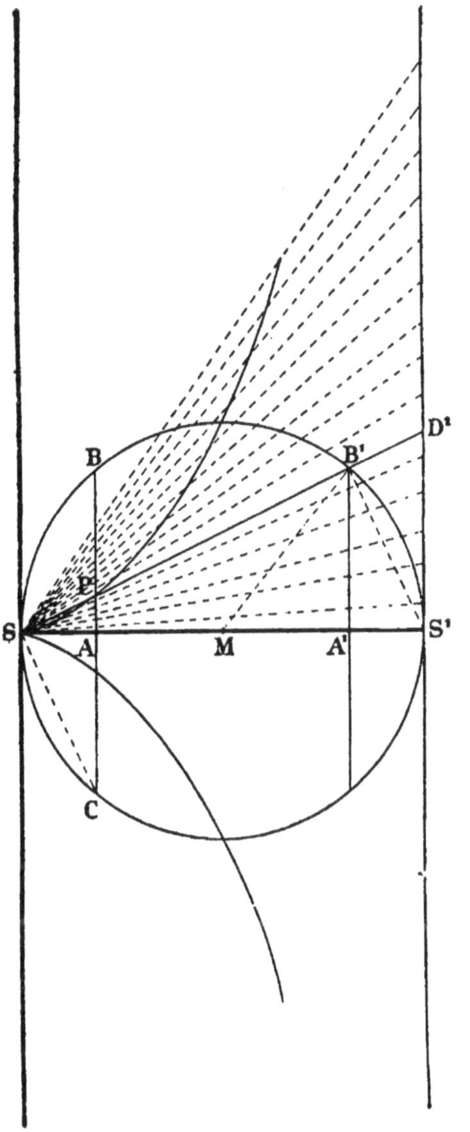

Fig. 32.

so ist die Fläche J, begrenzt von Kurve, Abscisse und Ordinate:

$$6^a)\ J = {}^3/_4\, d^2\varphi - {}^3/_8\, d^2 \sin 2\varphi - {}^1/_2\, d^2 \cos\varphi \sin^3\varphi.$$

Ist $\varphi = \frac{\pi}{2}$, so ist

$$7)\ J = {}^3/_4\, d^2 \frac{\pi}{2}$$ d. h., wie Huygens gefunden:

Das Flächenstück zwischen der ganzen Cissoïde und ihrer Asymptote ist dreimal so gross als der erzeugende Kreis. Die vorstehende Methode der Quadratur ist ohne weiteres auf die aus der Ellipse hervorgegangene Cissoïde anwendbar.

XII. Abschnitt.

Cassini'sche Kurven oder Lemniscaten.

§ 40.

Gegeben seien die Punkte F und F_1, „die Brennpunkte“, es soll der Ort des Punktes P bestimmt werden, für den das Produkt (Rechteck) seiner Entfernungen von F und F_1 gleich dem konstanten Quadrat c^2 ist.

Die konstante Entfernung FF' sei 2a (Fig. 36) (a die „Brennweite“). Der Axenwinkel sei 90°, die Mitte M von FF_1 sei Nullpunkt, MF_1 (F_1 rechts von M) sei $+X$; ferner $PF = \varrho$; $PF_1 = \varrho_1$; $PM = r$. Winkel $PMF_1 = \varphi$. Nach dem Cosinussatz ist a) im Dreieck PMF

$$\varrho^2 = (r^2 + a^2) + 2\,a\,r \cos\varphi.$$

b) Im Dreieck PMF_1

$$\varrho_1{}^2 = (r^2 + a^2) - 2\,ar \cos\varphi.$$

Multipliziert man, so erhellt

1) $\varrho^2 \varrho_1{}^2 = (r^2 + a^2)^2 - 4a^2 r^2 \cos^2 \varphi = c^4$

oder:

2) $r^4 - 2a^2 r^2 \cos 2\varphi = c^4 - a^4 = d^4$.

Die Gleichung 2 ist die Gleichung der Ortskurve in Polarkoordinaten mit M als Centrum oder Pol und MF_1 als Polaraxe.

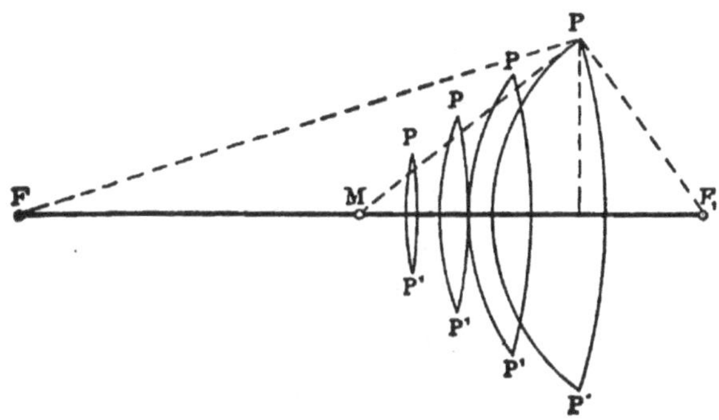

Fig. 36.

Man sieht sofort, dass 3 Fälle zu unterscheiden: $c > a$; $c < a$; getrennt durch $c = a$. Die Kurven heissen gemeinsam: Cassini'sche Kurven oder Lemniscaten, sie spielen in der Optik eine Rolle und erscheinen im Polarisationsapparat, wenn aus einem optisch zweiaxigen Krystalle eine zur Winkelhalbierenden der Axen senkrechte Platte geschnitten wird.

Da $\cos \varphi = \frac{x}{r}$ und $r^2 = x^2 + y^2$, so hat man

3) $4a^2 x^2 = (r^2 + a^2)^2 - c^4 = (r^2 + a^2 + c^2)(r^2 + a^2 - c^2)$
$4a^2 y^2 = c^4 - (r^2 - a^2)^2 = (r^2 + c^2 - a^2)(c^2 + a^2 - r^2)$.

Jede der Gleichungen 3) zeigt, dass die Kurven vom 4. Grade sind. Benutzt man beide Gleichungen 3), so sind die beiden Variabeln x^2 und y^2 mittelst der Grösse r^2 einfach ausgedrückt, r heisst dann ein Parameter, und die Einführung eines Parameters ist für höhere Kurven, besonders für Transcendente oft sehr zweckmässig. Ersetzt man r^2 durch x^2+y^2, so erhält man

4) $(x^2+y^2+a^2)^2=c^4+4a^2x^2$ oder

5) $(x^2+y^2)^2-2a^2(x^2-y^2)=d^4$.

Die Gleichungen 4 und 5 enthalten nur die Quadrate von x und y, daher sind beide Axen Symmetrieaxen der Kurven und es gehören immer 4 Punkte zusammen, deren Koordinaten sich nur durch die Vorzeichen unterscheiden (cf. § 1), wir wollen sie ein System „gepaarter" Punkte nennen. Man kann sich also bei der Untersuchung der Gestalt der Kurven auf den Quadranten I $(+x, +y)$ beschränken.

Für die Konstruktion der Kurvenpunkte kann man sich entweder des Potenzsatzes beim Kreise bedienen oder (Fig. 37) man schlägt nun F und F_1 mit Radien ϱ und ϱ_1 Kreise, so dass $\varrho\varrho_1=c^2$ ist. Ist z. B. ABCD ein Quadrat mit der Seite c und verbindet nun B mit einem beliebigen Punkt G auf AD, so schneidet BG die Seite CD in E so, dass $AG.EC=c^2$ ist. Durch Drehung des Strahles BG erhält man alle zusammenpassenden Werte von ϱ und ϱ_1, von 0 bis ∞. Die Kreise, die man um F und F_1 mit AG und EC schlägt, schneiden sich im Allgemeinen in 2 Punkten, und durch Vertauschung von AG und EC erhält man die beiden anderen mitgepaarten Punkte.

Wie auch c sein mag, so hat eine Schaar jener Kreise immer reelle Schnittpunkte, denn wenn der

Radius ϱ sehr gross, so ist ϱ_1 sehr klein und der Kreis um F schliesst jenen um F_1 ein, wenn aber ϱ sehr klein und ϱ_1 sehr gross, so ist's umgekehrt, dazwischen muss also der Fall eintreten, dass die Kreise sich schneiden.

Die Gleichung 3 zeigt, dass wenn $y = 0$ ist, $x^2 = c^2 \div a^2$ oder $a^2 - c^2$ ist, die Kurve muss also,

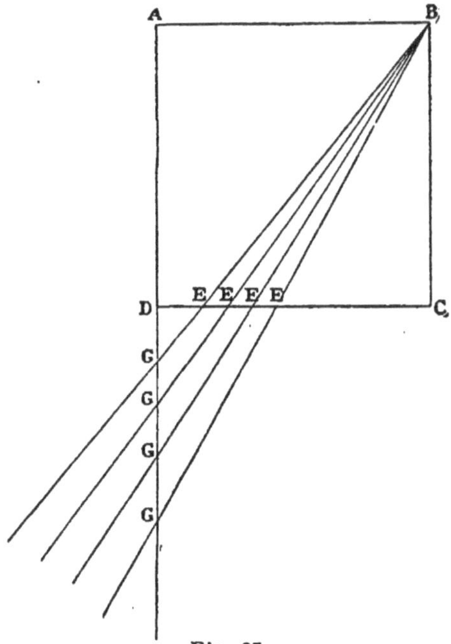

Fig. 37.

wie auch c sei, die X-Axe in den zwei (reellen) Punkten $y = 0, x = \pm\sqrt{c^2 + a^2}$ schneiden; die beiden anderen Schnitte sind imaginär (unsichtbar), wenn $c > a$, reell wenn $c < a$, und fallen, wenn $c = a$ in M zusammen, der dann **doppelt** zu zählen ist. Man sieht aus jeder der Gleichungen, dass M das Centrum der Kurve ist, allerdings im eigentlichen Sinne d. h. so, dass **jede**

Strecke, welche durch M geht und zwei (reelle) Kurvenpunkte verbindet, in M halbiert wird, nur wenn $c \geqq a$ ist; da, wenn $c < a$ Gerade durch M, deren Gleichung also von der Form $y = \varkappa y$ ist, die Kurve in zwei Paar reellen Punkten schneiden können $(\lambda \mid \mu), (-\lambda \mid -\mu)$, $(\lambda' \mid \mu'), (-\lambda' \mid -\mu')$ und nur die Verbindungssehnen von Punkten mit entgegengesetzten Koordinaten werden n M halbiert.

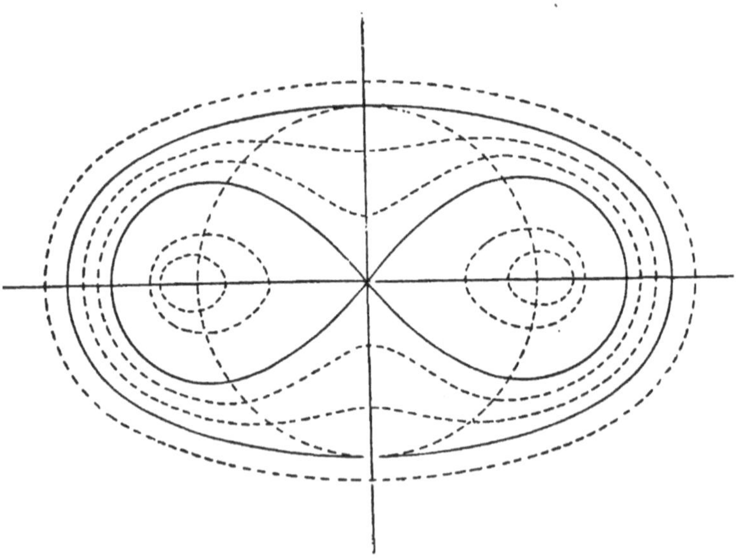

Fig. 38.

Ist $x = 0$, so ist $y^2 = c^2 - a^2$ oder $(c^2 + a^2)$; zwei Schnittpunkte der Kurve mit der Y-Axe sind also stets imaginär, die beiden andern nur reell, wenn $c > a$. Ist $c = a$, so fallen auch diese beiden in M zusammen. Wenn aber $c < a$, so besteht die Kurve aus zwei ganz getrennten symmetrischen Teilen, die sich auf der Grenze, wenn $c = a$, in M vereinen; wenn $c > a$, so bildet die Kurve nur einen Zug. Die Kurven liegen, wie 2) oder 3) zeigt, stets im Endlichen, da r^2 in die Grenzen $c^2 + a^2$ und $c^2 - a^2$ eingeschlossen, und wie 5) zeigt, auch $x^2 - y^2$; sie haben also keine reellen Asymptoten. Gleichung 3) zeigt, dass $4a^2y^2$ und damit y^2 und damit der absolute Betrag von y„ $|y|$" am grössten, wenn $r^2 = a^2, r = a$ ist, d. h. also in den 4 Punkten, in denen der Kreis um M mit Radius MF_1 die Kurve schneidet, und dass dort $|y| = \frac{c^2}{2a}$ ist. Da aber x^2 nur positiv, x reell, wenn $r^2 > c^2 - a^2$ ist, so sind diese Punkte nur dann vorhanden (reell), so lange $a^2 > c^2 - a^2$ ist, d. h. $c^2 \leqq 2a^2$ ist. Die Kurven haben dann in diesen Punkten 2 Doppeltangenten, welche der X-Axe prallel sind.

Die Gleichung 4) lehrt, dass der kleinste Wert von $r^2 + a^2$ und damit von r^2 und r eintritt, wenn $x = 0$, $r^2 = c^2 - a^2$ ist. Es ist leicht zu zeigen, dass so lange $c^2 < 2a$ ist, die Kurve an diesen Stellen, wo sie die Y-Axe schneidet, eine Einsenkung hat, die sich je näher c^2 an $2a^2$ kommt, verliert und umgekehrt immer stärker wird, wenn c^2 abnimmt und sich a^2 nähert, bis für $c = a$ die beiden Einsenkungsorte sich zu einem Doppelpunkt in M vereinen. Wird c^2 noch kleiner, so reisst die Kurve auseinander und bildet zwei getrennte Ovale, während, wenn $c^2 = 2a^2$ die Kurve die Gestalt eines Ovals hat, wie die Figur 38 zeigt, in der die beiden Grenzfälle $c = a$ und $c^2 = 2a^2$ ausgezogen, die anderen punktiert gekennzeichnet sind.

Den Beweis der Einsenkung giebt Gleichung 3)

da wie 4) zeigt, r sich für von 0 aus wachsende oder abnehmende Beträge des x stets um positive Beträge ändert, so ändert sich $4a^2y^2$ in der Nähe von $x=0$, bezw. $r^2=c^2-a^2$ um $2\varepsilon(2a^2-c^2)$, wo ε die in dieser Umgebung stets positive Aenderung von r^2 bezeichnet. So lange also $2a^2>c^2$, wächst $4a^2y^2$ und damit $|y|$ zu beiden Seiten der $x=0$ und $|y|$ hat dort ein Minimum $\sqrt{c^2-a^2}$. Wird $c^2=2a^2$, so wird für $x=0$ $y^2=a^2$, und der Kreis um M mit a berührt die Kurve in den Punkten, wo sie die Y-Axe schneidet und $|y|$ zugleich sein Maximum hat. Die Kurve hat dann mit den beiden Parallelen zur X-Axe $y=\pm a$ nur den Punkt $x=0, y=\pm a$ gemeinsam, und keine weiteren reellen oder imaginären, d. h. alle 4 gemeinsamen Lösungen fallen in die Eine zusammen, die Kurve hat dort eine Doppeltangente, deren beide Berührungsstellen zusammenfallen (aber keine Wendetangente).

Der Gleichung der Kurve liess sich die Form geben:
5) $(x^2+y^2)^2-2a^2(x^2-y^2)=c^4-a^4=d^4$.

Setzt man darin $x^2+y^2=y'$; $x^2-y^2=x'-\frac{d^4}{2a^2}$ so geht 5) über in 6) $y'^2=2a^2x'$.

Dies ist die Gleichung einer Parabel, deren Parameter a^2 ist.

(Dabei ist zu bemerken, dass x^2; y^2; a^2 Masszahlen sind, also Zahlen, und wieder auf eine Strecke als Einheit bezogen werden können.) Wir haben den wichtigen Satz:

„Alle Cassinischen Kurven derselben
„Brennweite a gehen aus derselben Parabel

„mit dem Parameter a^2 durch eine einfache „Transformation 2. Grades hervor.

Da, wenn $x=0$ und $y=0$ ist, $y'=0$ und $x' = \frac{d^4}{2a^2}$ ist, so hat diese Parabel, wenn $+X$ als ihre Hauptaxe angesehen wird, den Scheitel auf dem Punkt, der in Bezug auf die alten Koordinatenaxen die Koordinaten $y=0, x=-\frac{d^4}{2a^2}$ hat. Je nach dem Wachsen von c^2 entfernt sich also der Scheitel auf der X-Axe vom Punkte $+\frac{a^2}{2}$ aus nach links, bei $c=a$ ist er in M. Jedem Parabelpunkt $(x'y')$ entspricht ein System gepaarter Cassinischer Kurvenpunkte, die man einfach konstruieren kann als Schnitte des Kreises $x^2+y^2=y_1$ und der gleichseitigen Hyperbel $x^2-y^2 = x' - \frac{d^4}{2a^2}$. Jeder Parabelsehne entspricht ein centraler Kegelschnitt, der die Kurve in 2 Systemen schneidet, er ist bestimmt durch die Gleichung 7) $x^2 (r_1{}^2+r_2{}^2-2a^2)+y^2(r_1{}^2+r_2{}^2+a^2)-(y_1 y_2+d^4)=0$. Einer Schaar paralleler Parabelsehnen entspricht eine Schaar ähnlicher Kegelschnitte. Der Tangente an die Parabel entspricht ein Kegelschnitt, der die Kurve in den 4 Punkten des entsprechenden Systems berührt, die Tangente an jenen Kegelschnitt in einem dieser Punkte ist zugleich Tangente an die Kurve in jenem Punkte, und dies giebt ein Mittel, die Gleichung der Tangente fast ohne Rechnung abzuleiten.

Es sei $P\{(x_p|y_p)$ der Punkt der Kurve, $P'\{(x'_{p'}|y'_{p'})$ der entsprechende der Parabel, die Gleichung der Tangente an die Parabel in P' ist

$y'y'_{p'} = a^2(x' + x'_{p'})$, also die des Kegelschnitts, der die Cassini'sche Kurve in P berührt:

8) $x^2(r_p^2 - a^2) + y^2(r_p^2 + a^2) = a^2(x_p^2 - y_p^2) + d^4 = \frac{1}{2}(r_p^4 + d^4)$.

(Man braucht nur in 7) r_1 und $r_2 = r_p$ zu setzen.)

Die Gleichung der Tangente an diesem Kegelschnitt im Punkte P ist:

9) $x x_p(r_p^2 - a^2) + y y_p(r_p^2 + a^2) = a^2(x_p^2 - y_p^2) + d^4$.

Dies ist also die Gleichung der Tangente für alle Lemniscaten.

Der Richtungsfaktor $\tau = \operatorname{tg} \alpha$ ist $= \frac{-u}{v} = -\frac{x_p}{y_p} \frac{(r_p^2 - a^2)}{r_p + a^2}$.

Da $x_p : y_p = \cot \varphi$ ist, so führt man lieber den Richtungsfaktor $\tau' = -\frac{1}{\tau}$ der Normale ein, und erhält, wenn der Winkel, den die Normale mit $+X$ bildet, α' genannt wird:

10) $\frac{\operatorname{tg} \alpha'}{\operatorname{tg} \varphi} = \frac{r^2 + a^2}{r^2 - a^2}$ oder 10a) $\frac{\sin(\alpha' + \varphi)}{\sin(\alpha' - \varphi)} = \frac{r^2}{a^2}$.

Auf beide Formeln lässt sich eine einfache geometrische Konstruktion der Tangente in P gründen (Fig. 39).

M ist der Mittelpunkt, P der Kurvenpunkt, NP die Normale, PT die Tangente, PQ die Ordinate y_p oder y, MQ die Abscisse x, NQ die Subnormale, QT die Subtangente s, PNT ist α', PMN ist φ. Man mache QN' = QN, so dass also auch PN = PN', dann giebt der Sinussatz aus dem Dreieck MPN: $\frac{MN}{r}$

$= \frac{\sin(\alpha' - \varphi)}{\sin \alpha'}$ und aus MPN': $\frac{MN'}{r} = \frac{\sin(\alpha' + \varphi)}{\sin \alpha'}$, also $\frac{\sin(\alpha' + \varphi)}{\sin(\alpha' - \varphi)} = \frac{MN'}{MN} = \frac{r^2}{r^2}$. Da aber $MN' + MN = x + NQ + x - NQ = 2x$, so hat man nur nötig, MQ zu verdoppeln bis M' und MM' in N so zu teilen, dass $MN : NM' = a^2 : r^2$ ist, so ist NP die Normale und

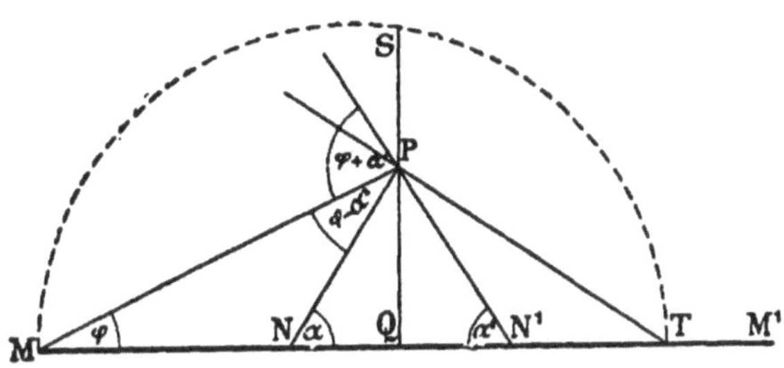

Fig. 39.

PT die Tangente. Diese Konstruktion ist ebenso allgemein wie die Steiner'sche, welche auf geometrischen Betrachtungen beruht. — Man kann auch die Subnormale NQ benutzen, ebenso wie die Subtangente. Es ist $\frac{NQ}{x} = \frac{r^2 - a^2}{r^2 + a^2}$; führt man den Hilfswinkel ϑ ein durch

$\operatorname{tg} \vartheta = \frac{a}{r}$, so ist $NQ = x \cos 2\vartheta$, woraus die Konstruktion sich leicht ergiebt.

Schlägt man über MT einen Halbkreis, der PQ in S trifft, so ist $SQ^2 = MQ \cdot QT$, aber $y^2 = NQ \cdot QT$, somit

$$\frac{SQ^2}{y^2} = \frac{r^2 - a^2}{r^2 + a^2} \text{ oder } \frac{SQ}{y} = \sqrt{\frac{r^2 - a^2}{r^2 + a^2}}.$$

§ 41. Die schlichte Lemniscate.

Der Name Lemniscate stammt aus dem Griechischen und bedeutet „Schleifenlinie", er passt daher nur für die Kurve $c = a$, und ist von dieser auf die andern Cassini'schen Kurven übertragen; für sie ist $d = 0$, und es vereinfacht sich besonders die Polargleichung 2, welche übergeht in $r^2(r^2 - 2a^2 \cos 2\vartheta) = 0$. Diese Gleichung stellt eigentlich den Punkt $r = 0$, d. h. also M doppelt dar, und ausserdem die Kurve $r^2 - 2a^2 \cos 2\vartheta = 0$. Da aber für $\vartheta = 45^0$ bezw. 135^0 r auch $= 0$ ist, so geht diese Kurve durch den Punkt M ohnehin doppelt, und wir haben als Polargleichung der Lemniscate

11) $r^2 - 2a^2 \cos 2\vartheta = 0$.

Die Gleichung zeigt sofort, dass, wenn ϑ von 0 bis 45 geht, r^2 und damit r abnimmt von $2a^2$ bezw. $a\sqrt{2}$ bis 0, für $\vartheta = 30$ ist $r = a$, also ist der höchste Abstand von der Hauptaxe FF_1 gleich $\frac{1}{2}a$, das zugehörige x ist die Höhe des gleichseitigen Dreiecks (Fig. 40), von $\vartheta = 45$ bis 135 ist r^2 negativ, also schneidet der Leitstrahl r die Kurve in diesem Intervall nicht (sichtbar), von 135 bis 225 (d. h. von $180 - 45$ bis $180 + 45$) wächst r von 0 bis $a\sqrt{2}$ und nimmt wieder ab bis 0, von $180 + 45$ bis $270 + 45$ ist r^2 negativ, von $270 + 45$ bis 360 wächst r von 0 bis $a\sqrt{2}$. Der Punkt M ist Doppelpunkt, denn jede Gerade durch M, deren Polargleichung $\vartheta = \alpha$ für den oberen Strahl, und $\vartheta = 180 + \alpha$ für den unteren ist, schneidet die Kurve ausser in M in zwei reellen (oder imaginären) entgegengesetzten Punkten. Für die Geraden $\mu = 45 -$

(45+180)— und $\vartheta=135$ bezw. (135+180) fallen alle 4 Schnittpunkte in M zusammen, und da M zu beiden Aesten der Kurve gehört, so hat jede von ihnen mit dem betreffenden Ast drei Punkte gemeinsam, diese Geraden $\vartheta=45$ und $\vartheta=135$, sind daher Wendetangenten (Fig. 40).

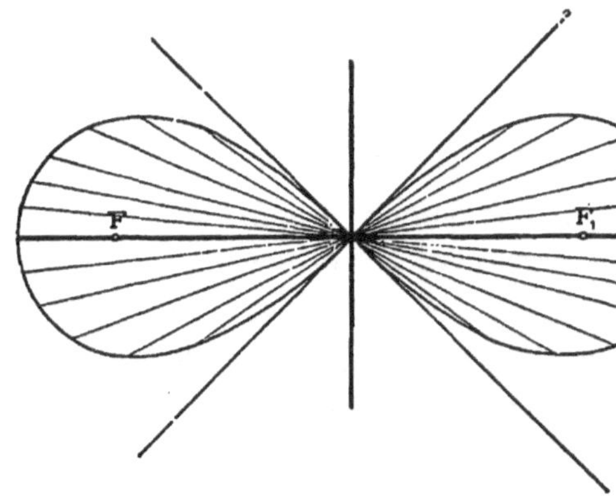

Fig. 40.

Die verwandte Parabel hat ihren Scheitel in M der berührende Kegelschnitt ist Ellipse, so lange $r > a$ d. h. von $\vartheta=0$ bis $\vartheta=30$ und Hyperbel von $\vartheta=30$ bis $\vartheta=45$, für $r=a$ artet dieselbe aus in das Doppeltangentenpaar $4y^2-a^2=0$. Die Gleichung der Tangente wird

$$12)\quad x x_p (r_p^2-a^2)+y y_p (r_p^2+a^2)\frac{1}{2} r_p^4 = a^2 (x_p^2 - y_p^2).$$

Die Gleichungen 10) und 10ᵃ) enthalten c nicht, bleiben also bestehen, da aber $r^2=2a^2\cos 2\vartheta$, so geht 10ᵃ) über in $\sin(\alpha'+\vartheta)=2\sin(\alpha'-\vartheta)\cos 2\vartheta = \sin(\alpha'+\vartheta)+\sin(\alpha'-3\vartheta)$, d. h. aber $\sin(\alpha'-3\vartheta)=0$ und daraus folgt der merkwürdige Satz $\alpha' = 3\vartheta$, d. h. in Worten:

Die Normale schliesst mit dem Leitstrahl nach dem Berührungspunkt die doppelte Amplitude ein.

Der Satz gilt seinem Wortlaut nach eigentlich nur für den 1. Lemniscatenquadranten, man sieht an der Figur sofort, wie er in den andern Quadranten abzuändern. Aus ihm folgt sofort eine sehr einfache Konstruktion der Normale und damit der Tangente.

Wählt man die beiden Wendetangenten als Axen, d. h. also, dreht man das Axenkreuz um 45° im Sinne des Uhrzeigers, so bleibt r ungeändert und wenn die rechte untere Wendetangente zur Polaraxe gemacht wird, so ist $\vartheta = \vartheta' - 45$ und die Gleichung der Lemniscate wird

13) $r^2 = 2a^2 \sin 2\vartheta'$;

gleichzeitig ist $x = r\cos(\vartheta' - 45) = (y' + x')\sqrt{\frac{1}{2}}$ und

$$y = r\sin(\vartheta' - 45) = (y' - x')\sqrt{\frac{1}{2}}.$$

(Die Benützung der Polarkoordinaten ist ein sehr einfaches Mittel, die Koordinatentransformationsformeln aus § 14 herzuleiten.) Die Gerade, welche in P auf MP senkrecht steht, schneidet (Fig. 41) die neuen Koordinatentangenten in A und C und es ist $MA = \eta = \frac{r}{\sin\vartheta'}$ und $MC = \xi = \frac{r}{\cos\vartheta'}$, somit Dreieck MAC, weil gleich $\frac{1}{2}\xi\eta = \frac{r^2}{2\sin\vartheta'\cos\vartheta'} = \frac{r^2}{\sin 2\vartheta'} = 2a^2$.

14) **MAC** $= 2a^2$: Die Senkrechte auf den Leitstrahl im Lemniscatenpunkt schneidet von den Wendetangenten ein Dreieck vom konstanten Inhalt $2a^2$ ab.

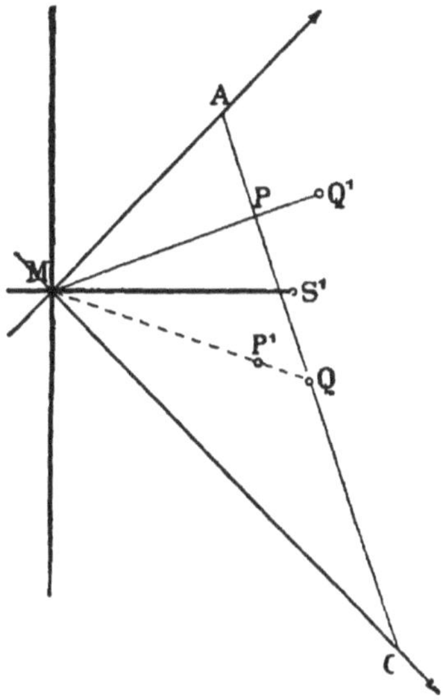

Fig. 41.

Diese Senkrechte umhüllt, heisst dies, eine gleichseitige Hyperbel, von der die Wendetangenten die Asymptoten sind und deren Axen mit denen der Lemniscate zusammenfallen und die Länge $a\sqrt{2}$ der Hauptaxe haben, oder (Fig. 42):

Fällt man vom Centrum einer gleichseitigen Hyperbel auf die Tangenten die Lothe, so ist der Ort der Fusspunkte, die Fusspunktenkurve, die Lemniscate mit derselben Hauptaxe.

Die Brennpunkte der Lemniscate liegen dort, wo die Leitlinien der Hyperbel die Hauptaxe schneiden.

Da die Hyperbeltangente in der Mitte von A C, im Punkte Q, ihre Kurve berührt, und Dreieck Q M C,

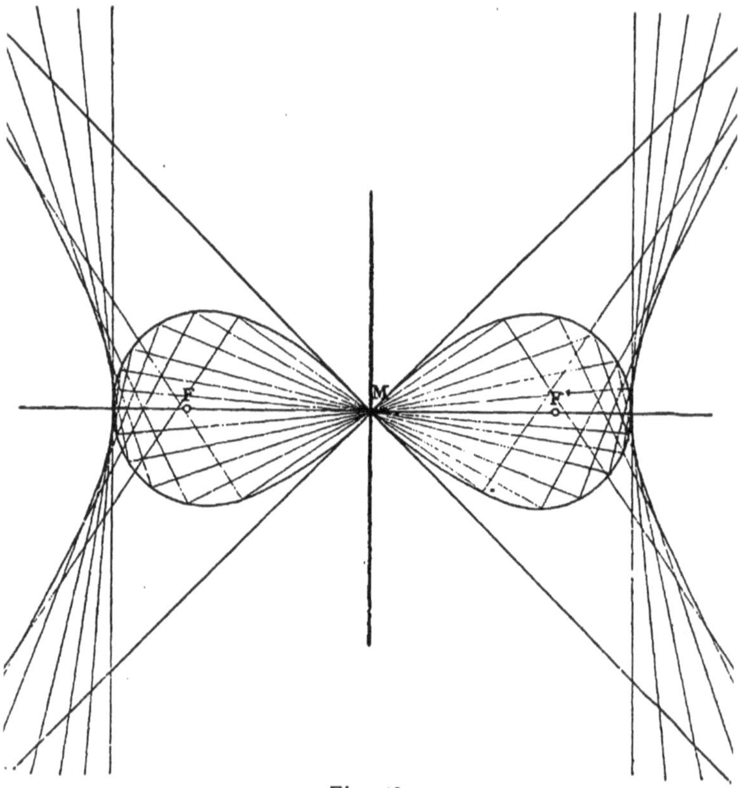

Fig. 42.

bezw. Q M A gleichschenklich, so werden P und Q durch die Hauptaxen harmonisch getrennt, und man kann auch sagen:

„Die Lemniscate ist der Ort der Punkte „der Tangenten der gleichseitigen Hyperbel,

„welche durch die Axen harmonisch vom „Berührungspunkt getrennt werden.

Da, wenn man MQ, den Radius vector der gleichseitigen Hyperbel mit ϱ bezeichnet, $\varrho r =$ Dreieck AMC $= 2a^2$ ist, so steht die Lemniscate zu derselben Hyperbel in noch engerer Beziehung. Da MQ und MP symmetrisch zur Hauptaxe liegen, welche sowohl für die Hyperbel als die Lemniscate eine Symmetrieaxe ist, so liegt, wenn wir auf MP die Strecke MQ′ gleich MQ abschneiden (Fig. 41) Q′ auf der Hyperbel und ebenso der Gegenpunkt P′ von P auf MQ wieder auf der Lemniscate, also, wenn man von M aus auf jedem Radius vector MQ′ der Hyperbel die MQ′ umgekehrt proportionelle oder inverse Strecke $\frac{2a^2}{\varrho} =$ MP abschneidet, so ist der Ort aller Punkte P die Lemniscate, und wir haben den Hauptsatz:

Die Lemniscate ist die inverse Kurve der gleichseitigen Hyperbel.

Diese Beziehung gestattet in einfachster Weise, vgl. § 36, die Eigenschaften der gleichseitigen Hyperbel auf die Lemniscaten zu übertragen.

Quadratur der Lemniscate.

Da r von $\varphi = 0$ bis $\varphi = 45^0$ fortwährend abnimmt, so liegt im ersten Quadranten jeder Sektor zwischen den beiden gleichschenkeligen Dreiecken, welche denselben Winkel bei M haben und deren Schenkel der grössere oder der kleinere Radius ist. Denkt man sich den Winkel, den der Vektor MP nach einem beliebigen Lemniscatenpunkt M im ersten Quadranten mit der Axe bildet, in n gleiche Teile geteilt und n über jedes

Mass gross, so füllt der Inhalt des Sektors zwischen dem Vektor P und der Axe mit der Summe der gleichschenkeligen Dreiecke zusammen, und man erhält ganz wie für die Cissoïde S. 171.

15) $S\varphi = \frac{1}{2} a^2 \sin 2\varphi = a^2 x y : r^2$.

In Worten:

Der Lemniscatensector, von der Axe an gerechnet, ist gleich dem gleichschenkeligen Dreieck, dessen Schenkel a und dessen Winkel an der Spitze gleich der doppelten Asymptote ist. Das Feld der Lemniscate ist gleich dem Quadrat ihrer halben grossen Axe.

XIII. Abschnitt.

Die Spirale des Archimedes.

§ 42. Die Spiralen.

Transformiert man die Gleichung algebraischer Kurven aus Parallelkoordinaten in Polarkoordinaten, so enthält die so umgeformte Gleichung wegen der Beziehungen des § 2, nur die trigonometrischen Funktionen des Richtungswinkels, bezw. der Amplitude (Anomalie), und es genügt wegen der Perodicität dieser Funktionen, die Amplitude von 0 bis 2π, zu nehmen. Anders liegt die Sache bei transcendenten Kurven, unter diesen sind Klassen denkbar, bei welcher in der Polargleichung der Kurve Θ selbst vorkommt mit oder ohne trigonometrische Funktionen von Θ, dann erhält der Radius r für Θ, $\Theta + 2\pi$, $\Theta + 4\pi$ etc. im Allgemeinen verschiedene Werte, und die Kurve umzieht den Pol (Anfangspunkt) in unzählig vielen Windungen. Diese Kurven heissen Spiralen — auch Schnecken-(haus)linien — unter ihnen hat die einfachste Gleichung die Spirale des Archimedes. Diese Kurve wird von einem Punkt P beschrieben, der sich vom Pole O aus auf einem Strahl gleichförmig vorwärts bewegt, während der Strahl selbst sich gleichförmig um den Pol O dreht. Nennt man die Strecke (Fig. 43) OC_1, welche P während einer vollen Umdrehung des Strahles OP auf dem Strahle durchläuft, den Hauptvektor, c, so verhält sich OP oder r, wenn der Strahl sich um den Bogen Θ gedreht hat, zu c, wie Θ zu 2π und wird $c:2\pi$ mit a bezeichnet, so ist die Gleichung der Kurve in Polarkoordinaten

1) $r = a\,\Theta$.

Da 2π, das Verhältnis der Kreisperipherie zum Radius, nur annähernd berechnet werden kann, so sind c und a inkommensurabel, d. h. eine Strecke lässt sich aus der andern nur annähernd konstruieren, doch hindert nichts a, d. i. der Radius des Kreises, dessen Umfang c ist, als Längeneinheit zu wählen und $r:a$, d. i. die Masszahl des Radius OP, als Vektor einzuführen und mit ϱ zu bezeichnen, wodurch 1) übergeht in

1^a) $\varrho = \Theta$,

wo nun ϱ und Θ beides Zahlen sind.

Giebt man dem Θ zuerst nur positive Werte, zuerst von 0 bis 2π, dann von 2π bis 4π etc. und bezeichnet mit Archimedes das Stück der Kurve zwischen $\Theta = (k-1)2\pi$ und $\Theta = k\,.\,2\pi$, das also einer einmaligen ganzen Umdrehung des erzeugenden Strahls entspricht, als Spirale k. Ordnung oder besser k Windung und bezeichnet die Fläche zwischen zwei aufeinanderfolgenden Windungen als Spiral-Intervall, so folgt aus 1), bezw. 1a) sofort, dass die Schnittpunkte jedes Vektorenstrahls mit der Kurve immer um 2π voneinander entfernt sind. oder kurz:

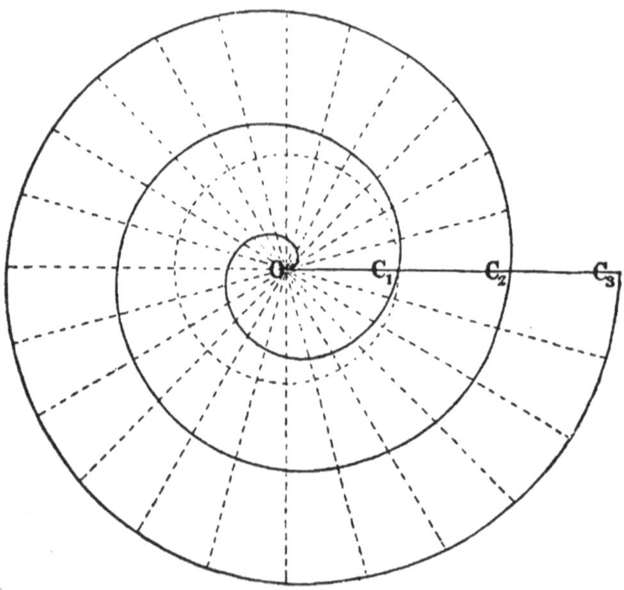

Fig. 43.

Die Breite jedes Intervalls ist gleich dem Umfang des Einheitskreises, bezw. gleich dem Hauptvektor.

Man sieht sofort, dass die erste Windung ganz umschlossen wird vom Kreis, dessen Radius der Hauptvector, die zweite vom Kreis, deren Radius 2c und so fort. Zieht man in derselben Windung zwei Vektoren und teilt den Winkel zwischen ihnen in n gleiche Teile und nennt die zugehörigen Vektoren $r\, r_1\, r_2 \ldots r'$, so ist

$$r_k = \Theta_k = \Theta + \frac{k}{n}(\Theta' - \Theta) = r + \frac{k}{n}(r' - r).$$

Insbesonders ist der Vektor, der den Winkel zwischen zwei Vektoren r und r' derselben Windung halbiert, gleich dem arithmetischen Mittel aus beiden. Ist speziell $r = 0, r' = c = 2\pi$, so ist $r_k = \frac{kc}{n}$.

Diese Bemerkungen geben ein Mittel, um, wenn der Hauptvektor gegeben, beliebig viele Kurvenpunkte zu konstruieren. Man teilt den Einheitskreis in n gleiche Teile (hier 24), teilt dann den Hauptvektor in n gleiche Teile, zieht vom Pole aus nach den Teilpunkten des Kreises die Strahlen und trägt auf ihnen vom Pole aus der Reihe nach $\frac{1}{n}c, \frac{2}{n}c$ etc. ab, so gehören die so erhaltenen Punkte zur Spirale; dabei giebt $\frac{n}{n}c$ den Punkt C_1 und man erhält, wenn man dann $\frac{(n+1)}{n}c$ etc. wieder abträgt, oder was dasselbe auf jedem Strahl von dem erhaltenen Punkte der ersten Windung aus die Strecke c einmal, zweimal etc. abträgt die entsprechenden Punkte der 2., 3. etc. Windung. Durch fortgesetztes Halbieren der Winkel zwischen 2 aufeinander folgenden Radien und Abtragen des arithmetrischen Mittels der entsprechenden Vektoren auf den Halbierungslinien kann man die Punkte verdichten. — Giebt man Θ negative Werte, so wird auch r negativ, dies ist dahin zu interpretieren, dass die zugehörige Strecke auf der Verlängerung des zu $\Theta = -\lambda$ gehörigen

Vektors über den Pol hinaus abgeschnitten wird, man erhält also dieselbe Spirale, die zu positiven Werten der Θ gehört, nur um die auf OC in O errichtete Senkrechte als Axe herumgeklappt. (Linksgewunden.)

§ 43. Tangente, Normale, Subtangente, Subnormale.

Zur Bestimmung der Tangente bedient man sich ganz allgemein bei Spiralen und überhaupt bei auf Polarkoordinaten bezogenen Kurven der Roberval-Torricelli'schen Methode, welche auf den Principien der Mechanik, speziell auf dem Parallelogramm der Geschwindigkeiten beruht. Wenn ein Punkt irgend eine Bahn (Kurve) durchläuft, so hat er in jedem bestimmten Augenblick eine Bewegung in bestimmter Richtung, welche die Resultierende der einzelnen Bewegungen darstellt; diese Richtung ist die Tangente an die Bahnkurve, welche nach dieser Auffassung die Gerade ist, welche in dem betreffenden Punkt für eine verschwindend kleine Strecke mit der Kurve zusammenfällt und die Richtung der Kurve an dieser Stelle darstellt.

Man kann nun eine in Polarkoordinaten dargestellte Kurve dadurch erzeugt denken, dass der Strahl OP sich um O mit einer gewissen im Allgemeinen veränderlichen Geschwindigkeit dreht und gleichzeitig Punkt P sich auf dem Strahl selbst, mit einer gewissen Geschwindigkeit bewegt. In einem hinlänglich kleinen Zeitmoment τ beschreibt also P einen verschwindend kleinen Kreisbogen $\varrho\,\varepsilon$, wo ε die Zunahme der Amplitude Θ bezeichnet und rückt auf OP um die verschwindende Strecke η vorwärts, also bewegt er sich nach dem Parallelogramm der Bewegung (Fig. 44) von

P nach P′, und P P′ ist ein Bahnelement und zugleich ein Element der Tangente. Nennt man den Winkel, welchen die Tangente, auf P in der Richtung der Bewegung zulaufend, mit O P bildet μ, so ist, da der Kreisbogen auf dem Radius senkrecht steht, und also P Q P′ ein rechtwinkeliges Dreieck : $\tan \mu = \frac{r\varepsilon}{\eta}$.

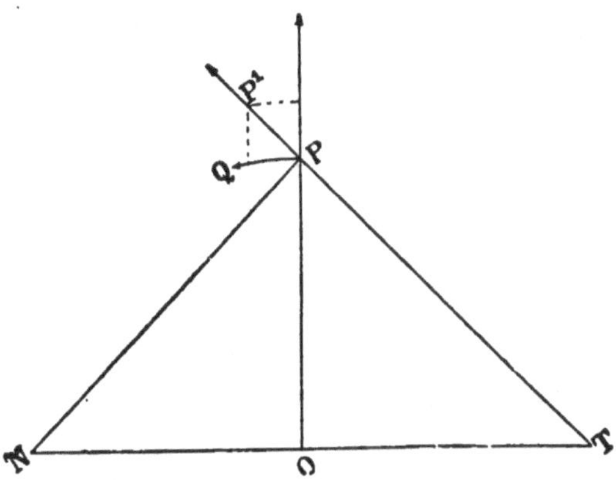

Fig. 44.

Errichtet man im Pole O auf dem Vektor O P die Senkrechte und zugleich im P auf der Tangente die Normale und bringt Normale und Tangente in N und T zum Schnitt mit dem Loth in O, so heissen O N und O T Polar-Subnormale und Polar-Subtangente, s_n und s_t und man hat:

$s_t = r \operatorname{tg} \mu,\ s_n = r \cot \mu.$

Bei der Spirale des Archimedes sind Vektor und Richtungsbogen gleich, also auch ihre Aenderungen ε und η, und wir haben für sie

1) $\operatorname{tg} \mu = \varrho;\ s_t = \varrho^2;\ s_n = 1;$

Das giebt die Sätze:

Die Tangente an die Spirale in irgend einem Punkte macht stets mit dem zugehörigen Vektor in dem vor den Berührungspunkt liegenden Teil der Kurve einen spitzen Winkel, dessen trigonometrische Tangente gleich der Masszahl des Vektors ist.

2) Die Subtangente hat, durch den Radius des Einheitskreises gemessen, das Quadrat der Masszahl des Vektors zur Masszahl.

3) Die Subnormale ist konstant und gleich dem Radius des Einheitskreises.

Die letztere Eigenschaft weist sofort auf die Parabel hin und durch Ausnützung dieser Beziehung hat insbesondere Pascal tiefliegende Eigenschaften der Spirale verhältnismässig einfach abgeleitet.

Die Konstruktion der Tangente ist infolge vom Satz 3 völlig elementar, sobald der Radius des Einheitskreises als gegeben angesehen wird. Das ist indessen, wenn der Hauptvektor gegeben ist, die Kurve punktweise konstruiert ist, nur annähernd der Fall. Da die Tangente mit der Kure nach ihrer Erzeugung nur eine verschwindend kleine Strecke gemeinsam hat so kann zwischen ihr und der Kurve keine andere Gerade hindurchgehen; der Kreis mit OP schliesst, da die Vektoren fortwährend wachsen, den dem Punkt P vorangehenden Teil der Kurve ein und wird von dem auf P folgenden Teil umschlossen, die Kurve kann also keine Wendetangente haben und es kann die Tangente in P die Windung, zu der P gehört, nur in P berühren. Diese Eigenschaft der

Tangente ist vom Archimedes ihrer Definition zu Grunde gelegt. Die Auffindung der Spirale steht vermutlich in Zusammenhang mit dem Problem der Kreis- bezw. Winkelteilung, denn wenn auf mechanischem Wege die Spirale gegeben ist, so kann, da die Vektoren sich wie die zugehörigen Richtungsbogen verhalten, die Kurve umgekehrt benutzt werden, den Bogen in vorgeschriebenem Verhältnis zu teilen.

§ 44. Quadratur der Spirale.

Die von einer Spirale beliebig hoher Windung umschlossene Fläche lässt sich auf ähnliche Weise, wie bei der Hyperbel berechnen. Seien r und r′ zwei Vektoren der k. Windung, Θ und Θ' die zugehörigen Amplituden, $\Theta' - \Theta = r' - r$, also das Mass des von den Strahlen OP und OP′ eingeschlossenen Winkels. Denkt man diesen Winkel in n gleiche Teile geteilt und die zugehörigen Vektoren der Kurve, so ist $r_k = r + \frac{k}{n}(r' - r)$, oder $r_k = r + \frac{k}{n} d$: Macht man n über jedes Mass gross, so kann man den Spiralvektor S_k zwischen r_k und r_{k+1}, als Vektor des Kreises mit dem Radius r_k ansehen, und es ist $S_k = \frac{1}{2} r_k^2 \frac{d}{n}$ und der ganze Spiralvektor selbst: $S = \frac{1}{2} \frac{d}{n} \sum_1^\infty r_k^2 = \frac{1}{2} d \Sigma \frac{r_k^2}{n}$ oder:

$$S = \frac{1}{2} d \Sigma \left(r + \frac{kd}{n}\right)^2 \frac{1}{n} = \frac{1}{2} d \Sigma \left(\frac{r^2}{n} + 2\frac{r_k d}{n^2} + \frac{k^2 d^2}{n^3}\right).$$

Es ist, wie aus der Berechnung der elementaren Körper und Flächen bekannt $\sum_0^\infty \frac{k}{n^2} = \frac{1}{2}$, $\sum_0^\infty \frac{k^2}{n^3} = \frac{1}{3}$ also:

$$S = \frac{1}{2} d\left(r^2 + rd + \frac{d^2}{3}\right); \; S = \frac{1}{2}(r' - r)\left[r^2 + r(r' - r) + \frac{(r' - r)^2}{3}\right] = \frac{1}{6}(r' - r')(r^2 + rr' + r'^2) = \frac{1}{6}(r'^3 - r^3).$$

Also:

$$3)\; S = \frac{1}{6}(r' - r)(r^2 + rr' + r'^2) = \frac{1}{6}(r'^3 - r^3).$$

Der Spiralsektor zwischen 2 Vektoren derselben Windung und dem verbindenden Spiralbogen ist nur von den Vektoren abhängig, und gleich $^1/_6$ der Differenz ihrer Kuben.

Dabei sind r′ und r als Masszahlen der Vektoren in Bezug auf die Einheit a gedacht, und als Flächenmass dient a^2.

Setzt man $r = 0$ und $r' = 2\pi$ (d. i. also $= 2\pi a = OC_1$), so hat man für die Fläche der ersten Windung

$$F_1 = \frac{\pi}{3} . 4\pi^2.$$

Wird also c^2 als Flächenmass gewählt, so ist F_1 (als Masszahl gedacht) $= \frac{\pi}{3}$. Es wird $F_2 = \frac{7}{3}\pi . 4\pi^2$ $F_3 = \frac{19}{3} . 4\pi^2$ und allgemein:

$$3^a)\; F_n = \frac{3n(n-1)+1}{3}\pi . 4\pi^2$$

für den Inhalt der ganzen von der n-Windung umschlossenen Fläche.

Das erste Intervall $J_1 = F_2 - F_1 = \frac{6\pi}{3} . 4\pi^2$, das 2. Intervall $J_2 = F_3 - F_2 = \frac{12}{3}\pi . 4\pi^2$, allgemein das$(n-1)$.

Intervall $F_n - F_{n-1}\ \frac{\pi 6}{3}(n-1)4\pi^2$, oder $J_2 = 2J_1$; $J_3 = 3J_1$; $J_{n-1} = (n-1)J_1$, also:

Die aufeinanderfolgenden Spiralintervalle verhalten sich wie die aufeinanderfolgenden Zahlen der Zahlenreihe.

XIV. Abschnitt.

Die Cycloïde oder Radlinie.

§ 45. Die Rollkurven, Krümmung.

Eine Kurve K rollt auf einer festen Kurve f, wenn die Kurve K die Kurve f beständig berührt und dabei ihren Bogen auf der festen Kurve abwickelt, so dass, wenn man die bewegliche Kurve in zwei Momenten t und t′ betrachtet, in denen sie f in B und B′ berührt, der Bogen BB′ der festen Kurve gleich dem Bogen BB′ der beweglichen Kurve ist, also gleich dem Bogen, den B inzwischen auf der beweglichen Kurve (scheinbar) durchlaufen hat. — Die Kurve, welche bei dieser Bewegung ein mit der rollenden fest verbundener Punkt beschreibt, heist Rollkurve; meist betrachte man die Kurve, welche ein Punkt der beweglichen Kurve selbst beschreibt.

Ist A irgend ein Punkt der Kurve K (oder mit ihr fest verbunden) und B der augenblickliche Berührungspunkt von K und f, so ist die Bewegung dieselbe, als drehte sich AB für einen Moment um das Centrum B, das im nächsten Moment auf f sich verschiebt, d. h. der um B mit BA beschriebene Kreis muss die Rollkurve R des Punktes A in A berühren und AB ist die Normale der Rollkurve in A.

Der Kreis um B mit AB hat aber mit R im Allgemeinen nur die Eine Tangente in A (Zwei unendlich nahe Punkte, bezw. Ein Kurvenelement) gemeinsam, es lässt sich aber ein Kreis konstruieren, der bei A zwei Tangenten oder w. d. i. drei unendlich nahe Punkte, A mitgezählt, mit der Kurve gemeinsam hat. Dieser durch 3 Punkte, also völlig, bestimmte Kreis heisst: Der Krümmungskreis der Kurve in A, sein Radius Krümmungs-Radius, sein Centrum: Krümmungs-Centrum, es ist der Schnittpunkt der Normale in A und einer unendlich nahen zweiten Normale.

Zur Erklärung folgendes: Ein Kreis ist in sich verschiebbar und daher auch überall gleich gekrümmt; er weicht von der Geraden um so stärker ab, ist um so stärker gekrümmt, je kleiner sein Radius ist, deshalb setzte Newton den reciproken Wert des Radius als Mass der Krümmung, zunächst des Kreises. Da aber für jede Kurve in jedem Punkt A sich generaliter ein Kreis wie oben beschrieben konstruieren lässt, der sich der Kurve in A enger anschmiegt als jeder andere Kreis, weil er mit der Kurve in A drei unendlich benachbarte Punkte gemeinsam hat, so setzt man seit Newton die Krümmung der Kurve in A des besagten Kreises gleich, und daher heisst er Krümmungskreis.

Es ist klar, dass, wenn die Kurve in A eine Wendetangente hat, d. h. eine Gerade, die ausnahmsweise an der Berührungsstelle drei unendlich nahe Punkte mit der Kurve gemeinsam hat, der Krümmungskreis dort den Radius unendlich hat, d. h. in eine Gerade, die Wendetangente, übergeht. Die Kurve, welche der Ort aller Krümmungscentren ist, heisst die Abgewickelte oder Evolute, denn wenn ein um sie gelegter Faden so abgewickelt wird, dass er stets gespannt bleibt (und sein Endpunkt in der Anfangslage auf der gegebenen Kurve liegt), so beschreibt sein Endpunkt die gegebene Kurve, welche die Abwickelnde oder Evolvente heisst. Die charakteristische Eigenschaft der Evolute ist, dass ihre Tangente stets Normale der Evolvente ist.

Wir betrachten näher nur die historisch und physikalisch merkwürdigste Rollkurve, die Bahn, welche ein Punkt eines Kreises beschreibt, der auf einer Geraden rollt (die Kurve, welche ein Radnagel beschreibt, wenn das Rad auf gerader Schiene rollt, ohne zu gleiten) und verfolgen die Bahn von einem Augenblick an, wo dieser Punkt die Gerade berührt.

Die Gerade oder Axe sei die X-Axe, $+X$ in der Richtung der Bewegung, der anfängliche Berührungspunkt sei Nullpunkt 0; $+Y$ der auf der Axe in 0 senkrechte Durchmesser des rollenden Kreises, dessen Radius r ist (Fig. 45). Es ist von vornherein klar, dass die Bahn aus lauter kongruenten Zügen besteht, deren jeder Einzelne einer vollen Umdrehung des Rades entspricht, und jeder Zug wieder aus zwei symmetrischen Teilen, entsprechend der ersten und zweiten halben Umdrehung. Wo der beschreibende Punkt die Axe berührt, ruht er einen Augenblick, und daher entstehen an diesen Stellen Spitzen. Die Kurve heisst Radlinie oder, seit Galilei, Cycloïde, doch wird jetzt dieser Name häufig auf alle durch Rollen von Kreisen entstandenen Kurven ausgedehnt.

§ 46. Die Cycloïde.

Sei P ein beliebiger Punkt der Bahn, der erzeugende Kreis (Fig. 45) berühre die Axe in B, dann ist die „specifische Eigenschaft" der Kurve, dass OB gleich Kreisbogen PB ist. Nennt man den Massbogen

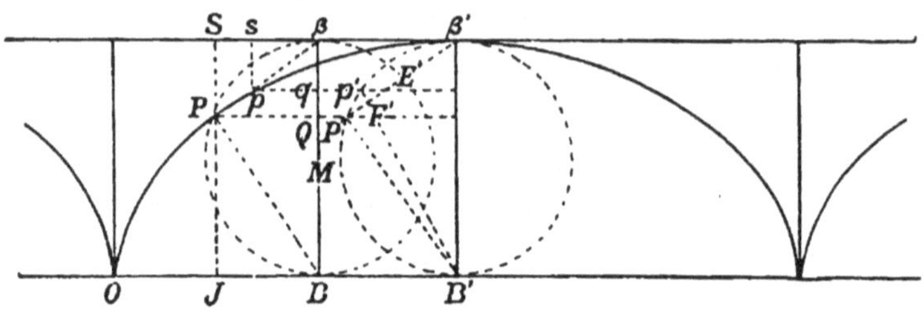

Fig. 45.

(Bogen im Einheitskreis, Argument) des „Wälzungswinkels" PMB den Wälzungsbogen (Zeichen p), so ist $x = OB - BJ = \text{arc}\,PB - PQ = rp - r\sin p = r(p - \sin p)$ und $y = r + MC = r - r\cos p = r(1 - \cos p)$. Also sind die Gleichungen der Kurve

1) $x = r(p - \sin p)$; $y = r(1 - \cos p)$.

Man kann p zwischen diesen beiden Gleichungen eliminieren, da

$$p = \text{arc}\cos\frac{r - y}{r},$$

aber diese Elimination ist nutzlos, und wir haben hier den Fall, wo es durchaus zweckmässig ist, beide Koordinaten mit Hilfe eines Parameters (vgl. Lemniscaten) auszudrücken, hier ist der Parameter der Wälzungsbogen p.

Die Gleichungen lehren, was a priori klar, dass x beständig wächst, da p seinen sinus mit zunehmendem Werte immer mehr übertrifft, sowie dass y eine periodische Funktion von p ist, und durch Vermehrung von p um Vielfache von 2π (volle Umdrehungen) nicht geändert wird, und in jedem einzelnen Intervall jeden Wert zweimal annimmt (für $p = 2k\pi + \vartheta$ und $p = 2k\pi + [2\pi - \vartheta]$), nur der Maximalwert für $p = 2kp + \pi$ ist seinem korrespondierenden gleich, und gleich $2r$.

Die Parallele zur Axe im Abstande des Durchmessers berührt die Kurve in allen Höhepunkten, und die Kurve liegt ganz in dem von der Axe und dieser Parallelen begrenzten Streifen, wir wollen sie die Gegenaxe nennen.

Der Mittelpunkt des Kreises beschreibt die Streifenaxe, man kann daher auch sagen: Die Cycloïde wird erzeugt dadurch, dass ein Punkt P sich gleichförmig auf einem Kreise bewegt, während der ganze Kreis sich mit gleicher Geschwindigkeit auf einer Tangente verschiebt.

Diese Bemerkung liefert B. Sei (Fig. 45) $B'P'\beta'$ das Rad nach einer halben Umdrehung, und die Bogen $P'B'$ und PB gleich, so ist PB parallel und gleich $P'B'$ und PP' der Axe parallel. Zieht man also durch P die Parallele zur Axe, welche den Kreis um $B'\beta'$ in P' trifft und durch P zu $P'B'$ die Parallele, so trifft sie die Axe in B, dem momentanen Berührungspunkt und damit auch dem momentanen Drehungscentrum. Also ist PB die Normale (n) und Pβ die Tangente. Also:

Die Tangente ist die Gerade, welche den Kurvenpunkt mit dem zum Berührungspunkt diametralen des erzeugenden Kreises verbindet.

Diese Konstruktion dankt man Descartes, man kann die Tangente aber auch, wie Roberval, nach seiner im vorigen Abschnitt besprochenen Methode konstruieren. Punkt P hat gleichzeitig zwei gleich schnelle Bewegungen, die eine in der Richtung P P′, die andere in der Tangente des Rades in P, also muss P die Richtung einschlagen, welche den Winkel zwischen jenen beiden halbiert; dies ist aber nach den elementarsten Kreissätzen (Sehnentangentenwinkelsatz) die Gerade Pβ. Der Winkel, welchen die Tangente mit der Axe bildet, ist also gleich $90 - \frac{1}{2} w$, bezw. $\frac{\pi}{2} - \frac{1}{2} p$.

Man kann dies durch die Rechnung bestätigen.

Die Roberval-Toricelli'sche Methode ist von Barrow und Newton zu einer für alle Kurven giltigen ausgebildet worden.

Das Krümmungscentrum der Cycloïde für P ist der Punkt K, in welchem sich die unendlich nahen Normalen P B und p b (Fig. 45 und 46) schneiden. Diesen sind $P^1 B^1$ und $p^1 B$ parallel. Der verschwindend kleine Bogen P p der Radlinie sei σ, der entsprechende kleine Bogen des Rades, den P auf dem Rade beschrieben, wenn er nach p gekommen, sei σ^1. Es ist dann $\sigma^1 = B b$, gleich $P^1 p^1$. Nach Definition des

Krümmungskreises ist $\sigma = \mathrm{PK} \cdot \vartheta$, wo ϑ das Maas des kleinen Winkels P K p ist. P K sei ϱ. Der Bogen σ wird aber auch dadurch erzeugt, dass P B sich um B dreht, und zwar ist der Drehungswinkel gleich dem Winkel, um den das Rad sich gedreht, also gleich der Aenderung des Wälzungswinkels und sein Mass gleich δ p. Nach Definition des Krümmungskreises sind die Tangenten in P und p an diese zu-

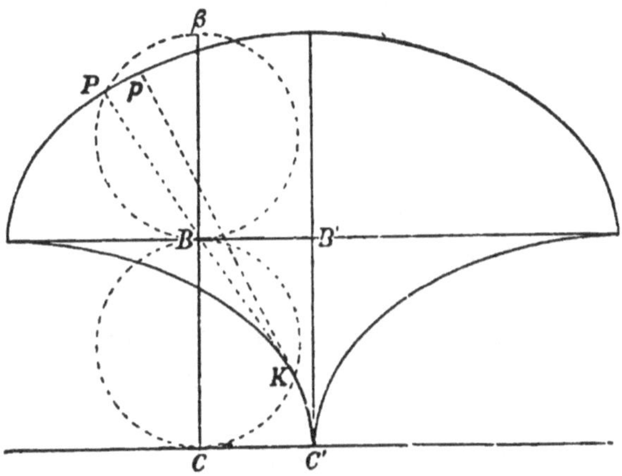

Fig. 46.

gleich die Tangenten an die Radlinie, somit hat der Winkel P K p das Mass $\varphi_P - \varphi_p = \frac{1}{2}\delta\,\mathrm{p}$. Also

$\sigma = \varrho \cdot \frac{1}{2}\delta\,\mathrm{p}$ und $\sigma = \mathrm{PB} \cdot \delta\,\mathrm{p}$, also:

2) $\varrho = 2\,\mathrm{PB}$.

Der Krümmungsradius der Cycloïde ist das Doppelte der Normale.

Bildet man den erzeugenden Kreis in dem Augenblick, wo er die Axe in B berührt, von B als innerem

Aehnlichkeitspunkt in gleichem Massstab ab (Fig. 46), so entspricht dem Punkt P der Krümmungsmittelpunkt K, dem Bogen P β entspricht der Bogen K C und da C C' = B B', so ist Bogen C K = Strecke C' C, d. h. also, wie Huygens gefunden:

Die Evolute der Cycloïde ist eine ihr gleiche Cycloïde. Das die Evolute erzeugende Rad rollt in entgegengesetzter Richtung und ist um eine halbe Umdrehung verschoben.

§ 47. Rectification und Quadratur.

Das Dreieck P K p ist als gleichschenkelig zu betrachten, weil P K und K p Radien des Krümmungskreises, das Dreieck P' E' B', dessen Seiten denen des ersten parallel sind, ist ihm ähnlich, also P' B' = E B'. Dreieck P' p' E' ist ebenfalls gleichschenkelig, da P' p' Tangente an den Kreis in P' und P' β' den Winkel zwischen Tangenten- und Axenrichtung halbiert, somit ist p' B' die Gerade, welche die Spitzen zweier gleichschenkeligen Dreieck über der Grundlinie P' ε' verbindet, steht also auf P' ε' senkrecht und halbiert es in F'. Die Strecken p' β' und E' β' sind als gleich zu betrachten, da der unendlich kleine Kreisbogen auf seinem Radius senkrecht steht, somit ist die Zunahme der Sehne p' β', wenn sie von p' β' in P' β' übergeht, halb so gross, als die Zunahme des Kurvenbogens, von p β bis P β und da dieser Schluss für alle folgenden Lagen bis zu β bestehen bleibt, und der Bogen P β die Summe aller seiner Teile ist, so haben wir den Wren'schen Satz:

Der Bogen der Cycloïde zwischen einem Punkt P und dem zugehörigen Höhenpunkt der Kurve ist doppelt so gross, als die zugehörige Sehne des erzeugenden Kreises, d. h. also doppelt so gross, als die Kurventangente zwischen Berührungspunkt und Gegenaxe.

Ein ganzer Zug der Cycloïde ist das Vierfache des Durchmessers des Rades.

Noch einfacher gestaltet sich die Quadratur.

Der blosse Anblick der Figur 45 zeigt, dass Trapez PpsS = Trapez PpqQ ist. (Dreieck PSβ = PQβ, psβ = pqβ, als Hälften des Rechtecks, Gleiches von Gleichem giebt Gleiches.) Trapez PpqQ ist aber nur das parallel verschobene P′p′q′Q′, somit ist der Flächenraum ausserhalb, begrenzt vom Kurvenbogen Pβ. den Strecken PS und Sβ gleich dem halben vom Rad durch die zu P gehörige Radsehne abgeschnittenen Segment.

Der ganze Aussenraum ist gleich der Kreisfläche.

Das Rechteck zwischen Axe und Gegenaxe und den Tangenten in den Endpunkten des Zuges ist: $2r . 2r\pi$, d. i. $4r^2\pi$, der Aussenraum ist $r^2\pi$, also:

Die Fläche (Eines Zuges) der Radlinie zwischen Kurve und Axe ist das Dreifache des erzeugenden Kreises.

Flüssige Tuschen
Günther Wagner
Für
Architecten,
Ingenieure,
Geometer,
Techniker,
Lehranstalten.
Günther Wagner. Fabriken in Hannover u. Wien.